분쟁지명 동해, 현실과 기대

분쟁지명 동해, 현실과 기대

초판 1쇄 발행 2021년 10월 18일
지은이 주성재
펴낸이 김선기
펴낸곳 (주)푸른길
출판등록 1996년 4월 12일 제16-1292호
주소 (08377) 서울시 구로구 디지털로 33길 48 대륭포스트타워 7차 1008호
전화 02-523-2907, 6942-9570~2
팩스 02-523-2951
이메일 purungilbook@naver.com
홈페이지 www.purungil.co.kr
ISBN 978-89-6291-934-9 93980

분쟁지명 동해, 현실과 기대

푸른길

| 머리말 |

"북한은 토요일 이른 시간에 일본해로도 알려진 동해(the East Sea, also known as the Sea of Japan)로 두 개의 발사체를 쏘았다." (BBC 뉴스, 2020. 3. 21.)

우리 국민은 동해가 일본해로 표현된 것을 보면 이를 서슴없이 '오류'라 하고 '바로잡아야' 한다고 말한다. 때로는 분개하기도 한다. 동해! 애국가를 여는 첫 이름, 태양이 솟아오르는 곳, 풍부한 수산물과 휴양지를 제공해 주는 곳, 오랜 기간 삶의 터전이 되어 왔던, 너무도 가까운 존재에 대한 우리 고유의 이름이 세계인들에게 인정받지 못한다는 억울함이 서려 있기 때문이다. 더욱이 그 다른 이름은 우리에게 아픔과 고통을 주었던 이웃 나라의 것이다.

이러한 정서에서 영국의 국영 방송이 전하는 위의 표현에 한국 국민은 만족할 수 있을까? 정부의 발표를 인용했다고 하는데, 대한한국 국방부가 일본해를 언급했을 리 없지 않은가? BBC는 왜 이런 표현을 썼을까?

한국 정부가 국제사회에 '동해(East Sea)'를 알리기 시작한 1990년대 초까지만 해도, 한때 전 세계의 바다를 호령했던 해양 강국의 국영 방송에게서 이러한 표현을 기대하기란 어려웠다. 세계 각국의 정부와 언론, 그리고 지도제작사는 한반도와 일본 열도 사이의 바다를 거리낌 없이 'Sea of

Japan' 또는 이에 상응하는 다른 언어로 표현했다. 한반도 쪽 바다를 부르는 데에도 어김없었다.

그러던 것이 이제는 '동해로도 알려진 일본해'가 아닌, 더욱이 '일본해' 단독 표기도 아닌, '일본해로도 알려진 동해'로 불리게 된 것이다. 한국에게 이 표현은 성과인가 아닌가? 지난 30년간 어떤 일이 있었던 것일까?

동해 명칭 확산 활동은 국제사회에서 일본해가 당연하게 사용되는, 즉 처음부터 기울어진 상황에서 시작했다. 대한민국 정부와 전문가들은 이것이 해당 국가 사이에, 그리고 국제기구의 개입으로 해결되어야 할 지명 분쟁이라는 점을 인식시키는 데 주력했다. 현실적인 해결 방안으로서 동해를 일본해와 함께 쓰자고 제안했고, 이것이 평화와 사회정의를 달성하는 길이며 관련 국가뿐 아니라 제3국 모두에게 혜택을 준다는 논리로 발전시켰다.

그 결과는 성공적이었다. 세계 지도제작사와 언론사는 동해를 함께 표기하기 시작했고, 교육 매체에서 동해를 반드시 언급할 것을 내용으로 하는 법안이나 지침서를 채택하는 지방 정부나 국가도 등장했다. 유엔과 국제수로기구는 이 문제의 중요성을 인식하고 실질적인 변화의 방법을 추구하게 되었다. 처음 의도했던 대로 동해/일본해 명칭은 국제사회의 대표적인 분쟁지명이 되었다.

이 책은 지난 30년간 진행된 동해 명칭 확산 활동의 결과를 이해하고, 그 현실과 기대를 정리하기 위해 준비했다. 이를 위해 그동안 제기된 다양한 이슈와 논점을 드러내는 것이 필요했다. 그러나 무엇보다 동해 명칭의 완전한 이해와 사용을 목표로 하여 앞으로 추구할 방향을 함께 고민하기 원했다. 30년이라는 짧지 않은 기간, 이제는 이 이슈를 알고 있다고 자평하는 세계 지명 사용자 각각의 특성에 맞는 맞춤형 논리와 스토리로 다가갈 때가 되었다.

내가 동해와 본격적인 인연을 맺은 것은 2004년 11월, 그러니까 동해 명칭 확산 활동의 10년이 지나가는 시점이었다. 이 책 구석구석에 인용되는 '바다 이름 국제세미나'의 제10회 대회에 토론자로 참석한 것이 계기였다. 회의장에서 만난 동해 연구의 선구자와 세계적 지명학자의 토론은 내게 새로운 세계를 열어 주었다. 대회를 조직한 이기석 서울대 교수(당시 동해연구회 부회장)께서 나를 초청한 이유가 이를 보고 느끼게 함이 아니었나 생각한다.

이후 나의 아카데믹 라이프는 동해를 중심으로 전개됐다. 연례 국제세미나에서 발표하고 토론했고, 국내외 전문가와 네트워킹을 가졌다. 동해를 국제사회에 알리는 정부의 일에 동참하면서 유엔과 국제수로기구에 참여했고, 국제 관계나 외교적 관례에도 눈을 뜨게 되었다. 이기석 교수께서 개척한 유엔지명전문가그룹(UNGEGN)의 총회와 워킹그룹 회의에서 가진 세계 지명 전문가와의 교류를 통해 이제는 그 반열에 함께 서게 되었다고 감히 말할 수 있다.

2004년 이래 15년의 활동 과정에서, 동해의 역사, 이슈, 제안을 하나의 책으로 엮는 것은 내게 주어진 하나의 숙명으로 여겨졌다. 오랜 도전이 실행으로 옮겨진 것은 뜻밖에도 '필수적인' 일 이외에 모든 활동이 마비된 팬데믹 상황 덕분이었다. 국내외 출장과 회의, 심지어 사적 모임의 취소와 중단, 그리고 마스크를 쓰지 않아도 되는 나만의 연구 공간은 예상치 못한 집중의 환경을 제공해 주었다. 그러니까 이 책의 발간은 코로나바이러스의 혜택이라 해도 과언이 아니다.

이 책은 끝없는 열정으로 동해를 세계에 알리기 위해 노력해 온 사단법인 동해연구회의 창설자, 선구자, 선각자께 바쳐짐이 마땅하다. 초대와 제2대 회장 김진현 세계평화포럼 이사장, 제3대 회장 이기석 서울대 명예교수, 제4대 회장 박노형 고려대 교수, 이 책의 곳곳에 인용한 분들, 고인이 된 문명호 전 문화일보 논설실장, 최연홍 전 서울시립대 교수/시인까지. 이 모든 분께 무한한 감사를 드린다.

동해 명칭의 확산은 불변의 목표지만 그 방법이나 전략은 다를 수 있다. 이 책에서 정리한 모든 문제 제기, 평가, 제언은 동해연구회의 입장이 아닌 나의 개인적 소견임을 밝힌다. 사건이나 사실의 서술에 오류가 발견된다면 이는 전적으로 나의 책임이다.

결코 우연으로 보이지 않는 수많은 문화권 사람들과의 만남과 생각의 교환, 이를 통해 놀라운 역사를 이루었고 또 새로운 길로 인도하실 그분께 감사한다. 40년 지기이자 삶의 동반자인 그녀와 두 번째 출판의 기쁨을 나눈다.

2021년 가을
주성재

제1부

동해/일본해 표기의 이해

1장. 동해(東海, East Sea)는 분쟁지명인가

동해 표기를 보는 시각

2014년 11월, 거대한 매장을 발판으로 한국에 진출하려던 스웨덴 가구회사 이케아(IKEA)의 야심 찬 계획은 뜻밖의 암초를 만났다. 공식 홈페이지에 올라와 있던 연간 보고서에 사용된 세계 지도에 동해 수역이 Sea of Japan으로 표기된 사실이 알려졌던 것이다. 벽걸이용으로도 만들어져 판매되는 그 지도를 해외 매장에서 보고 실망스러웠다는 경험담도 함께 전해졌다.

회사는 진출하기도 전에 한국의 잠재 소비자들이 불매 운동까지 언급하는 상황의 심각성을 인지하고 바로 조치를 취했다. 동해 표기에 대해 한국 소비자에게 사과했고, 다시 보름 후에 전 세계 매장에서 이 벽걸이 세계 지도를 판매하지 않겠다고 발표했다(《중앙일보》, 2014. 12. 4.). 그러나 이 결정은 다시 일본 언론과 네티즌들의 강한 반발을 받았다고 알려진다 (YTN 뉴스, 2014. 12. 15.).

책이든 인터넷이든, 우리나라에서든 해외에서든, 언론에서든 판매제품에서든, 어떤 맥락, 어떤 장소, 어떤 상황에서도 일본해, Sea of Japan 또는 이에 해당하는 각 언어의 표기는 한국인들에게 강한 불편과 반발심을 유발한다. 언론, 시민단체, 네티즌에게서 지적받는 단골 메뉴며 뉴스거리다. 해외에 기반을 둔 인터넷 지도 제공자의 지도를 무심코 사용한 기관이나 기업에 대한 비판이 이어지고 사과가 잇따른다. 공공 기관의 '부주의한' 사용은 징계의 대상이 되기도 한다. Sea of Japan 표기는 시정되어야 할 '오류'로 간주된다.

이러한 관점은 한국인들의 열정과 맞물려 세계인들에게 우리의 동해(東海), East Sea, 그리고 이에 해당하는 각 언어의 표기에 주목하게 하여, 그들이 생산하는 지도, 뉴스, 문서를 하나씩 변화시켜 나가는 효력으로 나타났다. 세계의 인터넷 포털이나 언론은 새롭게 East Sea를 사용하는 사례를 심심치 않게 들려준다. 문제는 Sea of Japan이 여전히 더 많이 사용되고 있는 국제사회의 환경에서, 이러한 시각이 설득력 있게, 보편적인 인류의 가치에 부합하면서, 지속 가능하게 받아들여질 수 있는지 하는 것이다. 아무 거리낌도 없이 이미 사용하고 있는 이름에 변화를 도입하는 것은 웬만한 확신 없이는 어려운 일이기 때문이다.

대안은 동해 수역의 표기를 이 바다를 둘러싼 국가 간에 다른 의견이 있는 분쟁의 대상으로, 즉 동해/일본해 지명 분쟁으로 인식하는 시각이다. 영토, 이념, 통상 등 다른 영역에서의 분쟁과 마찬가지로, 지명 분쟁은 분쟁의 대상이 있고 주체가 있으며, 무엇보다 해결의 당위성이 있다. 국제수준에서 발생하는 지명 분쟁은 세계의 모든 지명 사용자를 끌어들임으로써 관련 국가만의 문제가 아닌, 세계가 함께 고민해야 할 문제로 발전시킬 수 있고, 해결의 실마리를 함께 풀어가자는 제안을 할 수도 있다는 장

점이 있다.

대한민국 정부와 전문가들이 동해 표기 문제를 처음 세계에 알릴 때, 당사 국가뿐 아니라 세계 모든 국가와 국제기구가 관심을 가져야 할 지명 분쟁임을 부각시킨 것은 바로 이런 이유 때문이다. 결과적으로 이 시각에 기초한 전략은 매우 성공적이었고, 이후 속속 보고된 성과는 고무적인 일이었다. 그 주장의 핵심은 동해/일본해는 분쟁지명이기 때문에 합의에 의한 해결이 필요하고, 해결되기 전까지는 두 이름을 함께 써야 한다는 것이었다.

지명 분쟁은 어떻게 발전하는가

지명에는 그 대상의 속성과 본질, 거기에 담겨 있는 역사와 문화, 그리고 이를 종합해 부르는 인간의 인식이 들어 있다(주성재, 2018). 그런데 지명을 부여하는 대상은 하나라 할지라도 자신의 인식과 정체성을 담은 지명을 인정받으려는 집단(국가, 민족, 언어집단, 지역 공동체 등)은 복수로 존재할 수 있기 때문에 지명을 둘러싼 이견은 나타나기 마련이다. 이렇게 다른 의견이 합의에 의해 원만히 조정될 때는 문제가 없지만, 그렇지 않을 경우 지명은 갈등의 단계를 거쳐 분쟁에 이르게 된다. 현재 동해/일본해 지명은 국제기구에서 한국, 일본, 북한이 첨예하게 대립해 자국의 입장을 주장하는 분쟁의 단계에 있다.

지명 분쟁은 각 집단이 원하는 이름을 그 지형물에 대한 표준 지명으로 인정받기 위한 과정에서 등장한다. 한 국가 내에서는 대부분 지명을 결정하는 권위 있는 기관이 있어 여기서 정한 절차와 원칙에 의해 지명이 결정되기 때문에 갈등이나 분쟁이 있더라도 매듭을 짓고 나가는 것이 보통이지만, 국가 간 지명 문제는 그렇지 못하다.

　유엔지명전문가그룹(UNGEGN)[1]은 각 국가가 진행하는 지명 표준화의 원칙과 좋은 사례를 공유할 뿐, 개별 지명에 관한 사항은 다루지 않는 것으로 명확히 선을 긋고 있다. 바다 이름의 경우 국제수로기구(IHO)[2]가 발행하는 책자 『해양과 바다의 경계』에 수록된 이름을 표준 지명으로 볼 수 있겠으나, 발행자나 사용자 모두 이것은 강제성이 없는 참고 문헌으로 인식하고 있으며, 디지털 시대에 경직된 표기에 대한 유용성의 문제도 제기되는 상황이다. 따라서 국가 간 지명 분쟁에 있어서는 지명 사용자인 각국의 지명 기구, 지도제작자, 언론, 교육 매체 각각의 표기 정책이 관심 사항이 되며, 이들을 설득하기 위한 치열한 전쟁이 발생하는 것이다.

　이러한 설득의 과정에서 분쟁지명의 당사자가 내세우는 것은 각 지명에 담긴 문화와 역사의 장소성이다. 동해는 동쪽이라는 위치 인식에서 비롯된 이름인 것이 사실이지만, 그 이름을 사용한 이래 한민족이 그 바다와 맺은 인연, 삶과 생업의 터전, 여가의 공간, 그리고 추억의 장소를 대표하는 이름으로서 온갖 기억과 기념이 고스란히 담겨 있다. 지명에 쌓여 있는 상징성, 느낌, 그리고 정체성은 어떤 맥락에서든 그 지명을 존중해 달라는 주장으로 이어진다. 일본인이 니혼카이(日本海, にほんかい)에 대해서 갖는 감정과 태도도 마찬가지일 것이라 예상할 수 있다. 그러나 일본과의 논쟁에서 이와 관련된 논지를 들은 적은 없다.

---

1) 유엔 산하 전문가그룹인 United Nations Group of Experts on Geographical Names를 가리킨다. 5장에서 상세히 다룬다.
2) 해양과 수로 분야의 국제 표준을 논의하기 위해 결성된 International Hydrographic Organization을 가리킨다. 마찬가지로 5장에서 논의한다.

분쟁지명으로서 동해/일본해의 본질

동해/일본해 분쟁은, 한국인이 2000년 이상 사용해 온 이름 동해(東海)를 존중해야 할 것이므로 바다를 접하고 있는 일본과 명칭에 합의가 필요하며, 합의가 이루어지기 전까지는 동해의 각 언어 표기(영어 East Sea, 프랑스어 Mer de l'Est, 스페인어 Mar del Este, 독일어 Ostmeer, 러시아어 Восточное море 등)를 함께 쓰자는 한국의 제안에 대해, 자국의 영향력 없이 국제적으로 정착된 Sea of Japan 표기에 어떤 변화도 필요 없다고 주장하는 일본의 대응으로 요약된다. 또 다른 당사자인 북한은 East Sea of Korea(그들의 명칭으로 조선동해)를 고집하다가 2012년 유엔지명표준화 총회(UNCSGN)3)에서 East Sea로 표기하는 것도 가능하다고 한 것이 마지막으로 밝힌 공식 입장이다. 러시아는 이 분쟁에 무관심하며 일본해라는 뜻의 Японское море라고 쓰고 있다.

국제사회의 일본해 표기에 대해서는 오래전부터 한국 사회에서 전문가와 언론의 문제 제기가 있었으나 조직적인 반론이 이루어지지는 못했다. 국제사회의 관심을 끌며 분쟁지명으로 자리매김하기 시작한 것은 1992년 제6차 유엔지명표준화 총회에서였다. 1991년 남북한이 동시에 유엔 회원국이 된 이후 처음 열린 지명 총회에서 이 문제를 제기한 것은 시의적절했다.

이 자리에서 한국의 정부 대표는 대한민국 동쪽에 동해(당시 로마자 표기 Tong-Hae와 East Sea를 동시에 언급함)라는 바다가 있음을 알리고,

---

3) 1967년부터 2017년까지 5년마다 지명 표준화 논의를 위해 개최되었던 정부 간 총회 United Nations Conference on the Standardization of Geographical Names를 말한다. 2018년에 UNGEGN과 통합되었다.

총회의 권고에 따라 당사국 간 합의를 통해 명칭을 결정할 것을 요청했다. 북한 대표는 이 문제를 협의하는 데 참여하겠다는 의사를 밝혔고, 일본은 세계적으로 사용되는 Sea of Japan 이외의 다른 이름을 도입하는 것은 혼란을 일으킬 것이며 표준화의 목적에도 맞지 않는다는 반론을 펼쳤다. 이 내용은 "관련 당사자 간에 협의할 것이 제안되었다"라는 문구와 함께 회의록에 생생하게 남겨졌다. 분쟁지명으로 만들기 위한 한국의 목적을 달성하는 순간이었다.

이후 여러 경로로 이루어진 동해 확산 활동은 동해와 일본해가 한반도와 일본 열도 사이 바다에 대한 분쟁지명이며 해결이 필요한 일임을 세계의 지명 사용자에게 각인하는 역할을 수행했다. 1995년부터는 사단법인 동해연구회가 주관하는 '바다 이름에 관한 국제세미나'가 매년 열려 세계의 지명 전문가들에게 이 이슈를 알리고 함께 해결방안을 찾아왔다. 국제수로기구에서는 1997년 제15차 총회부터 바다 이름을 수록하는 책자에 동해를 일본해와 병기할 것을 제안했고, 회원국은 이에 반응했다.

한국의 문제 제기 초기에 일본은 이를 분쟁이라 인정하지 않았다. 지금도 그렇듯, Sea of Japan이 국제적으로 인정받는 지명이기 때문에(일본은 이를 국제지명 international name이라 칭한다) 분쟁의 대상이 되지 않는다고 보았기 때문이다. 그러나 일본 정부는 2000년대에 들어와 홍보 자료를 만들어 배포하면서 조금씩 변화의 조짐을 보였다. 2006년 호주 브리즈번에서 열린 세계지리학연합(IGU) 학술회의가 기점이었다. 일본은 홍보 책자와 함께 동영상을 영어와 한국어로 배포하면서 본격적인 대응에 나섰다. 이후 유엔지명회의4)와 국제수로기구에서 양국은−때로는 북한도

---

4) 유엔지명표준화 총회(UNCSGN)와 유엔지명전문가그룹(UNGEGN) 회의를 통틀어 일컫는 말로 사용한다.

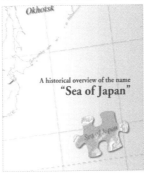
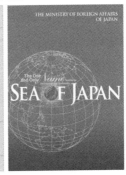

동해/일본해는 한국과 일본 사이에 치열한 공방이 이루어지는 분쟁지명이 되어 있다. 윗줄은 한국 정부(왼쪽부터 2003, 2007, 2014년), 아랫줄은 일본 정부(왼쪽부터 2002, 2006, 2009년)가 발간한 홍보자료의 표지를 보여 준다.
자료: 대한민국 외교부, 일본 외무성

함께-한 치의 양보도 없이 공방을 벌이고 있다. 지난 수차례의 유엔지명회의(2014, 2016, 2017, 2019, 2021)에서는 한국이 정보 공유를 위해 제공한 보고서에 표기된 East Sea에 대해 일본이 먼저 문제 제기 발언을 하는 상황이 벌어져 청중들을 어리둥절하게 만들었다. 동해 표기가 분쟁 중임을 스스로 인정한 셈이 된 것이다(5장 참조).

이렇게 보면 동해/일본해 명칭은 지명을 둘러싼 논쟁에서 이미 분쟁의 단계에 돌입해 있다고 하겠다. 각 집단이 사용하는 각각의 지명은 내재된 힘겨루기가 일어나는 경합의 단계, 단일 지명을 채택하는 과정에서 어

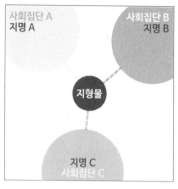

경합(contest)

분쟁(dispute)

갈등(conflict)

지명에 대한 다른 생각은 경합, 갈등, 분쟁의 단계로 모식화할 수 있다. 동해/일본해 지명은 당사국이 국제회의에서 주장을 펼치고 이에 상응하는 행동을 동반한다는 점에서 분쟁의 단계에 있다고 볼 수 있다. 경험적으로 볼 때 분쟁의 경우가 모두 이 세 단계를 거치는 것은 아니기 때문에, 이모델은 각 분쟁지명의 특성에 따른 유형으로 보는 것이 적절하다.

자료: Choo et al., 2014; 주성재, 2018

느 한 지명을 인정받으려는 갈등의 단계, 그 갈등이 외부로 표출되어 대립하는 행동으로 가시화되는 분쟁의 단계 중 하나에 있게 되는데(주성재, 2018, 184-185), 동해/일본해는 당사국이 국제회의에서 주장을 펼치고 사용자에게 자국의 지명을 관철시키도록 행동하고 있다는 점에서 가장 심화된 분쟁의 단계에 있다고 볼 수 있다.

동해/일본해 지명 분쟁은 해결 가능한가

분쟁은 해결의 당위성을 갖는다. 국가 간의 분쟁은 평화와 화합이라는 인류 보편적 가치를 추구하기 위해 해결해야 한다. 경제적, 문화적 교류를 편하고 쉽게 하는 현실적 이유에서도 필요하다. 해결의 궁극적 목표가 멀게 보이더라도 적어도 해결이 필요하다는 것에 동의해야 한다. 그러면 국가 간 지명분쟁은 해결할 수 있는 일인가? 그 힌트를 최근 해결된 북마케도니아공화국 국가명에서 찾아본다.

1991년 유고슬라비아연방이 해체되는 과정에서 독립한 그리스 북부의 나라는 마케도니아공화국(Republic of Macedonia)이라는 국호를 채택했다. 그러나 그리스는 이 이름에 강력하게 반대했다. 마케도니아는 그리스 민족의 영웅인 알렉산더 대왕이 다스렸던 왕국의 이름으로서 그리스에 소유권이 있다는 것이었다. 그리스 북부에 이미 마케도니아라는 지역이 존재하기도 했다(동, 서, 중앙 마케도니아의 3개 광역 행정구역이 있음). 유엔 가입을 위해 타협한 것은 구유고슬라비아마케도니아공화국(The former Yugoslav Republic of Macedonia)이라는 긴 이름, 약칭 FYROM 이었다.

두 나라는 모두 만족하지 못했다. 그리스는 어떤 형태로든 마케도니아 이름이 사용되는 것을 허용하지 않으려 했다. 국제표준화기구(ISO)의 국가코드로 MK가 부여된 것도 용납하기 어려웠다. 유엔지명회의의 총회와 소그룹회의에 국가명이 언급되는 경우, 그리스 외교관은 어김없이 목소리를 높여 비판했다. 북마케도니아는 자국의 헌법에 규정한 국호를 사용하지 못하게 한 국제사회의 처사가 못마땅했다. 여전히 마케도니아라 표기하는 세계 지도책을 등에 업고 한 치도 양보하지 않았다.

평행을 달리던 소모적인 분쟁에 변화를 가져온 것은 2018년 6월, 양국 간에 맺어진 〈프레스파 협약〉[프레스파(Prespa)는 협약 장소가 되었던 양국에 걸쳐 있는 호수]이었다. 1995년 맺어진 미완성 합의를 종식하고 두 나라 사이에 전략적 파트너십을 세우기 위한 출발점이 된 이 협약은, 논란이 된 국호를 북마케도니아공화국(Republic of North Macedonia)이라 하고, 그리스는 북마케도니아의 북대서양조약기구(NATO) 가입을 승인한다는 것을 골격으로 했다. 이 협약은 양국의 의사결정 절차를 거쳐(북마케도니아로서는 헌법 개정) 확정되었고, 새 국호는 2019년 2월에 발효되었다.

타협이 가능했던 것은 일차적으로 양국이 절반의 성공이라 여길 수 있는 명칭의 대안이 제시되었기 때문이었다. '북' 마케도니아가 원조 마케도니아의 존재를 인정하는 것이라 본다면, 그리스로서는 알렉산더 대왕의 유산을 이웃 나라에 빼앗기지 않는 일이 되는 것이었다. 북마케도니아로서는 '마케도니아'를 하나의 형용사(North) 이외에 복잡한 군더더기 없이 사용할 수 있게 되었다는 점에서 수용할 여지가 충분히 있는 것이었다.

무엇보다 해결의 동력을 제공했던 것은 양국 총리의 정치력과 추진력이었다. 조란 자에프(Zoran Zaev) 북마케도니아 총리와 알렉시스 치프라스(Alexis Tsipras) 그리스 총리는 양국이 발전적 미래를 맞이하기 위해서는 반드시 합의가 필요하다는 공통 인식을 바탕으로 숱한 반대를 헤쳐 나갔다. 북마케도니아에서 벌어진 대대적인 반대는 협약 3개월 후 치러진 국민투표에서 정족수에 못 미치는 37%의 투표율로 94%에 달하는 찬성률을 무위로 만들었다. 그러나 의회 설득작업은 유효해, 의원 3분의 2 개헌선을 넘어 2019년 1월 11일 헌법 개정안을 통과시켰다. 그리스도 온갖 반대에 직면했으나, 결국 2019년 1월 25일 의회는 찬성 153표, 반대 146표,

평창동계올림픽 개회식에서 **구유고슬라비아마케도니아공화국**(The former Yugoslav Republic of Macedonia, FYROM) 선수단이 입장하고 있다(위). 당시 국제올림픽위원회(IOC)가 인정했던 국가명이 유엔에서 사용하는 이 긴 이름이었다. 그러나 방송사의 자막은 단순히 마케도니아라 적었고, 더욱이 출사표에 "우리는 알렉산더 대왕의 후예들입니다"라는 말을 인용했다(아래). 그리스 정부가 이 장면을 보았다면 무슨 말을 했을까?
자료: SBS 평창올림픽 개회식, 2018. 2. 9.

기권 1표의 표결로 협약을 승인했다. 이후 양국 총리는 노벨평화상 후보에 오르는 영광을 맞이한다.

북마케도니아 국가명은 지명을 둘러싼 국가 간 분쟁 해결의 대표적 사례가 되었다. 이러한 해결이 동해 수역에도 가능할까? 북마케도니아 사례는 한 나라의 국가명에 대한 이웃 나라의 문제 제기에서 비롯되었다는 점에서 양국이 접해 있는 바다 이름 분쟁인 동해 표기 문제와는 기본적인 출발이 다르다. 그러나 두 가지 주목할 점이 있다. 양쪽이 수용할 수 있는 지명 표기의 대안이 제안되어 타협에 이를 수 있었다는 점, 그리고 반대를 뚫고 나갈 수 있는 양국의 리더십이 있었다는 점이 그것이다. 동해 수역에 대해 양국이 수용할 수 있는 명칭의 대안 또는 표기의 방법이 제안될 수 있을 것인가? 명칭에 합의가 된다면 이를 관철시킬 수 있는 리더의 정치력과 추진력이 있는가? 마케도니아 사례가 동해 표기의 당사자들에게 던지는 질문이다.

분쟁 해결을 위한 발걸음

분쟁 해결은 여러 혜택을 가져다준다. 긴장을 해소하고 미래지향적 발전으로 나아가기 위한 기반을 제공한다. 국가 간의 평화로운 분쟁 해결이 국제사회에서 당사국이 보여 주는 성숙한 모습으로 인정받을 때, 정치외교적 위상을 높이는 계기가 될 수도 있다. 그 혜택은 제3국에게도 전이된다. 북마케도니아 국가명 분쟁 해결은 우리나라에도 변화를 가져왔다. 6·25전쟁 참전국인 우방 그리스와의 관계 때문에 보류했던 수교의 길이 열린 것이다. 2019년 7월, 대한민국과 북마케도니아공화국은 대사급 외교 관계를 수립했다. 동해 표기 문제의 해결은 어떤 주제라도 피치 못하게 동해 수역을 언급하는 국제회의마다 겪게 되는 한국과 일본의 갈등과 이로 인한 참가국들의 불편함을 해소하는 일이 될 것이다.

지난 30년 가까이 전개된 동해 표기 활동은 처음부터 문제 해결을 지향점으로 삼고 진행되어 왔다. 국제사회에서 동해(East Sea)를 인정해야 하는 역사적 근거, 지명 사용자의 인식과 지명 사용의 관례에 비추어 본 타당성 등을 알린 것도 결국은 해결의 방향으로 이끌기 위한 노력의 일환이었다. 그 해결의 제안은 앞서 정리한 바와 같이 "동해 수역의 이름은 분쟁 중에 있으므로 당사국 간에 합의해야 할 것이며, 합의 전까지는 두 이름을 함께 쓰자"는 것이었다. 바다 이름에 관한 연례 국제세미나에서는 2016년 이래, 분쟁의 해결이 가져다주는 혜택 또는 현실적으로 두 지명의 병기 또는 병용이 가져다주는 혜택이 당사국 각각에 어떻게 나타날 것인지 논의하자는 제안이 이루어져 활발한 담론이 형성되고 있다.

이 책에서 전개되는 동해 표기의 모든 경과와 현재까지의 성과, 그리고 그 과정에서 제기된 이슈는 분쟁지명으로서 동해/일본해 문제의 해결이라는 궁극적 목표에 초점을 맞추어 서술될 것이다.

2장. "2천 년 이상 사용된 이름, 동해": 역사적 관점

2천 년 이상 사용된 이름

"2천 년 이상 사용된 이름, 동해(The name East Sea used for two millenia)"는 동해 명칭 확산 초기부터 사용된 캐치프레이즈다. 『삼국사기(三國史記)』에 나오는 고구려 시조 동명왕(東明王)의 건국 기사가 근거였다. 이 기사는 동명왕이 북부여국(北扶餘國) 위치에 건국함에 따라 북부여는 동해변(東海邊)의 가섭원(迦葉原)으로 옮겨가게 된다고 기록하고 있는데, 이규보의 『동국이상국집(東國李相國集)』에 따르면 이것은 중국 한(漢)나라 신작(神爵) 3년(신작은 한나라의 연호)에 일어난 일이며, 서기로는 기원전 59년에 해당된다(이상태, 1995)고 보기 때문이다. 이것을 역사상 첫 기록이라 본다면, 우리 민족에게 있어 동해(東海) 지명의 사용이 2천 년 이상의 역사를 갖고 있다는 것은 충분히 근거 있는 선언이다.

사료의 역사성을 기사의 시점이 아닌 기록의 시점에서 보는 관점에서는 『삼국사기』가 기록된 시점(1145년)을 기준으로 보아야 한다고 말한다. 2

천 년은 무리가 있고 9백 년 정도는 인정할 수 있다고 충고한다.[1] 이 기사에 나오는 동해가 과연 현재의 동해인지에 대한 의문을 제기하기도 한다. 그러나 이러한 반론은 삼국 시대의 기록에 누누이 출현하는 동해 관련 기사를 통해 극복할 수 있으리라 본다. 동해 명칭의 역사성 연구를 주도했던 역사학자 이상태 교수는 『삼국사기』에 15회, 『삼국유사(三國遺事)』에 14회 수록된 동해 기사를 호국 사상과 자연 이상 현상의 두 주제로 나누어 체계적으로 전달한다(이상태, 1995). 삼국 시대 내내 동해에 대한 뚜렷한 인식이 일관되게 있었고 이를 '東海'라는 표기에 담았다는 것은 그 명칭에 대한 역사가 그만큼 오래되었다고 말하는 것을 정당화해 준다.

동해가 이후 고려와 조선을 이어오면서 국가를 대표하는 명칭으로, 제사가 이루어진 장소로, 울릉도와 관련된 기사에서, 그리고 『고려사(高麗史)』와 『조선왕조실록(朝鮮王朝實錄)』의 다양한 맥락에서 언급되는 것은 그 역사성을 풍부하게 해 주기에 충분하다. 문서로 된 사료 이외에 중요한 증거로 여겨지는 것은 고구려 장수왕이 즉위 2년(414년)에 부왕의 업적을 기리기 위해 세운 광개토대왕비(廣開土大王碑)이다. 비문의 수묘인(守墓人)에 대한 서술에서 "동해가에 국연 3인, 간연 5인이 있다(東海買 國烟三 看烟五)"라고 표현한다.[2] 동해에 대한 인식이 신라뿐 아니라 고구려에서도 중요한 위상으로 존재했다는 것을 보여 준다고 해석할 수 있다.

---

1) 미국의 여론주도층을 대상으로 한 동해 표기 관련 만찬(2014. 6. 11. 미국 워싱턴)에서 한국을 잘 아는 미국인은 이 점을 지적했다. 그는 미국 연방하원 외교위원회 전문위원을 역임한 인물이었다.
2) 이상태 교수는 이 표현에 나오는 '매(買)'가 물을 가리키는 고구려어라고 해석한다.

[표 2-1] 『삼국사기』와 『삼국유사』에 나타난 동해 관련 주요 기사

내용	출처	시기	표현
고구려 건국과 북부여의 이전	『삼국사기』 권13	한나라 신작 3년 (기원전 59년)	장차 나의 자손이 나라를 세울 곳이니 너희는 이곳을 피하라. 동해가에 가섭원이라는 땅이 있다. [將使吾子孫立國於此 汝其避之 東海之濱有地 號曰迦葉原]
연오랑 세오녀의 도일	『삼국유사』 권1	신라 아달라왕 4년(서기 157년)	동해가에 연오랑 세오녀 부부가 살고 있었다. [東海濱 有延烏郎 細烏女 夫婦而居]
문무왕의 유언과 대왕암	『삼국사기』 권7	신라 문무왕 21년 (서기 681년)	신하들은 유언에 따라 동해 입구 큰 바위에 묻었다. [群臣以遺言葬東海口大石上]
	『삼국유사』 권1	신라 문무왕 21년 (서기 681년)	유언을 받들어 동해 가운데 있는 큰 바위에 장사했다. [遺詔葬於東海中大巖上]
만파식적의 호국정신	『삼국유사』 권2	신라 신문왕 3년 (서기 683년)	문무대왕을 추모하여 동해변에 감은사를 지었는데, 다음 해 오월 그믐 해관인 파진찬 박숙청이 아뢰기를 "동해 가운데 조그마한 산이 있는데 감은사를 향해 떠내려와 파도 따라 왔다갔다 합니다." [爲聖考文武大王創感恩寺於東海邊 明年壬午五月朔 海官波珍喰朴夙淸奏曰 東海中有小山 浮來向感恩寺 隨波往來]
효성왕의 유언	『삼국사기』 권3	신라 효성왕 6년 (서기 742년)	유언으로 명하길 법류사 남측에서 화장하여 유골을 동해에 뿌리도록 했다. [以遺命 燒柩於法流寺南 散骨東海]
선덕왕의 유언	『삼국사기』 권5	신라 선덕왕 6년 (서기 785년)	사후 불교의 규례에 따라 화장하고 유골을 동해에 뿌리도록 명했다. [死後 依佛制燒火 散骨東海]
큰 고기 세 마리의 출현	『삼국사기』 권2	신라 점해이사금 10년 (서기 256년)	동해에 큰 고기 세 마리가 나타났는데, 길이가 30척, 높이가 12척에 달했다. [國東海出大魚三 長三丈 高丈有二尺]
큰 고기를 잡음	『삼국사기』 권3	신라 실성이사금 15년 (서기 416년)	동해변에서 큰 고기를 잡았는데 뿔이 나 있었고 크기는 수레에 가득찰 정도였다. [東海邊獲大魚 有角 其大盈車]
동해의 변고	『삼국사기』 권5	신라 선덕왕 8년 (서기 639년)	동해의 물이 붉어지고 수온이 올라갔으며 고기들이 죽어 물에 떠올랐다. [東海水赤 且熱 魚鼈死]
동해의 변고	『삼국사기』 권8	신라 신덕왕 4년 (서기 915년)	참포수와 동해수가 서로 싸우는데 그 파도의 높이가 2백 자가 넘었으며 3일만에 그쳤다. [槧浦水與東海水相擊 浪高二十丈許 三日而止]

자료: 이상태(1995)의 내용을 기초로 정리함.

한민족의 역사에서 동해의 존재를 보여 주는 중요한 증거로 드는 것이 기원전 59년의 일을 기록한 『삼국사기』의 고구려 건국 기사(위)와 414년 세워진 「광개토대왕비」의 비문(아래)이다.

출처: Ministry of Foreign Affairs, et al., 2014;
    Ministry of Foreign Affairs and Trade, et al., 2007.

일본해(日本海)의 등장: 1602년, 1568년, 1790년

'日本海'를 지키기 위한 일본 정부의 노력 역시, 그 표기의 역사성을 무시할 수 없었다. 초기부터 그들이 내세운 증거는 이탈리아 예수회 선교사였던 마테오 리치(Matteo Ricci)가 중국에서 활동하면서 제작한 세계 지도에 표기된 '日本海'였다. 동해 표기와 관련해 오랫동안 서양 고지도를 연구한 서정철 교수는 이것을 일본이 일찍부터 포르투갈, 네덜란드 등과 교역하면서 알려진 추세를 반영한 결과라 해석한다. 닫혀 있던 나라 조선을 유럽에 알리고 싶었던 리치는 중국 자료를 이용해 한반도 동해안에 조선의 역사와 기타 사항을 이례적으로 조리 있게 설명해 놓았다고 덧붙인다(서정철·김인환, 2014, 49–50). 그러나 1602년에 발간된 이 지도는 한자어로 되어 있어 유럽에는 별 영향을 끼치지 못한 것으로 평가된다.

유럽 언어로서는 디오고 호멤(Diogo Homem)이 1568년 제작한 동아시아 지도에 표기된 포르투갈어 Mare de Japã가 최초라고 여겨진다.[3] 그러나 한반도와 일본의 형상이 분명하지 않은 이 지도에서 그 이름이 있었다는 것 이외에 특별한 의미를 찾기는 어려워 보인다. 서정철 교수는 "일본이 없을 뿐만 아니라 일본으로 추정되는 나라도 없는 상황에서 일본해 표기는 별다른 의미가 없다."고 평가한다(앞의 책, 52). 일본 학자들도 이 표기는 일본의 태평양 쪽 바다를 가리키는 것으로 본다.

일본이 강조하는 역사성은 "18세기까지 서양 고지도에서 다양한 이름이 사용되었지만 19세기 초부터 일본해 사용이 선호되었고(preferred), 따라서 이 시기에 일본해 명칭이 확립되었다(established)는 결론을 내릴 수 있다"는 것으로 요약된다.[4] 즉, 일본인들의 삶에 나타난 바다 이름의 역사성이 아닌, 외부인들이 부르는 이름으로 시작해 자신들의 의사와 상관없이 사용자의 선택에 의해 정착된 이름이라는 점을 강조하는 것이다. 한민족의 역사와 함께 한 동해의 장소성, 그리고 인식과 감정이 담긴 명칭으로서 동해를 보는 관점과는 매우 다른 접근 방법이다.

---

3) 이 자료의 존재를 알린 『地名の発生と機能: 日本海地名の研究』(帝京大学地名研究会, 2010)는 다음의 서지사항을 전한다. Diogo Homem, East Asia 1568 PMC.

4) 이것이 일본 정부의 홍보자료(Ministry of Foreign Affairs of Japan, 2002; 2006; 2009), 그리고 국제수로기구와 유엔지명회의에서 일관되게 주장해 온 포인트이다.

실제로 일본의 역사와 일본인의 삶에서 일본해라는 이름은 존재하지 않았던 것으로 보인다. 일본의 국토 창생을 다룬 고전 신화는 바다에서 시작하여 바다에서 끝나는 신화라 해도 과언이 아닌 것으로 평가되고 언급된 섬의 내역과 신사나 신궁의 위치를 감안할 때 그 바다는 동해 수역을 지칭하는 경향이 강하지만, 어디에서도 바다의 이름은 나오지 않는다(이창수, 2011).

일본의 원로 지리학자 야지 마사타카(谷治正孝) 교수는 큰 바다에 이름을 붙이지 않던 일본인의 관습에 따라 일본의 역사 자료에 그 이름은 잘 나오지 않지만, 동해 수역에 대해서는 '北海(ほっかい, 호카이)'라는 이름이 몇 번 등장(733년, 1485년, 1667년의 사료)한다고 '바다 이름 국제세미나'에서 밝힌 바 있다(Yaji, 2011, 335-336). 이전 연구에서는 北海가 1868년 메이지유신 이후 교과서와 일반 문서에서 사용되다가 1880년대 중반에 日本海로 바뀌는 추세였지만, 언론은 1893년까지 이 이름을 우세하게 사용했음을 전한다(谷治正孝, 2002; 심정보, 2007에서 재인용). 결론적으로 그는 일본에서 제작된 지도 중에 동해 수역 전체를 北海로 표기한 지도는 없지만, 20세기 초까지 사용되었기 때문에 일본인의 가슴에는 이 이름이 남아 있었을 것이라 추정한다. 그에 따르면 일본에서 日本海를 처음 사용한 지도는 사케 상인이자 난학자(蘭學者)였던 기무라 겐코가 1790년 제작한 동아시아 지도다.

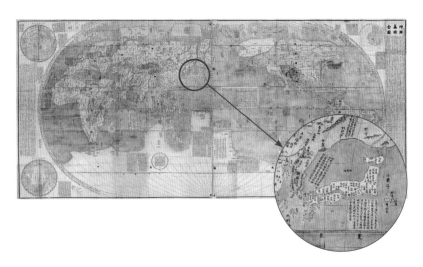

일본 정부가 日本海의 역사성을 주장하기 위해 사용하는 지도는 1602년 마테오 리치가 중국에서 제작한 「坤與萬國全圖(곤여만국전도)」다(위). 한반도 쪽 바다에는 이례적으로 조선에 대한 서술을 삽입했다. 포르투갈어 Mare de Japã가 표기된 1568년 지도는 유럽 언어 최초로 일본해란 의미의 명칭을 사용했지만, 태평양 쪽 바다를 가리키는 것으로 보인다(아래). 그 아래 보이는 Leucoru Mare는 류큐해(琉球海)를 가리키는 것으로 본다.

출처: Ministry of Foreign Affairs of Japan, 2009; 帝京大学地名研究会, 2010.

"일본도 조선해(朝鮮海)를 사용했다"

동해 명칭의 역사성과 관련해 대한민국 정부가 홍보 자료와 국제회의에서 전개하는 논지 중 하나는 일본이 19세기까지 발간한 지도에서 동해 수역을 朝鮮海라 표기했으므로 이 시기에 日本海가 일본인들에게 광범위하게 받아들여진 확립된 이름이었다는 주장은 잘못되었다는 것이다. 그중 어떤 것은 관찬 지도이므로 이것은 일본이 동해 수역을 한국의 바다라고 공식적으로 인정했다는 증거라고 한다. 이 주장은 어디까지 받아들여질 수 있을까?

일본의 朝鮮海(그들의 발음으로 '조센카이') 사용은 1794년에 시작된 것으로 기록된다(Lee, 2010). 이것은 야지 교수도 관찰한 사실로서, 그에 따르면 가츠라가와 호슈(桂川甫周)가 러시아에서 일본으로 표류해 온 배의 선장과 인터뷰한 후 10개의 지도를 만들었는데, 그중 아시아 지도에서 일본 서쪽 바다에 朝鮮海를 써 넣었다고 한다(Yaji, 2011, 336).

일본의 朝鮮海 표기에 영향력 있던 인물은 다카하시 가게야스(高橋景保)였다. 그가 1809년 도쿠가와 막부를 위해 제작한 일본 주변국 지도 「日本邊界略圖」와 1810년 제작한 세계 지도 「新訂萬國全圖」에서 한반도 인접 바다에 표기한 朝鮮海는 이후 발간된 관찬 지도의 표준이 되었다.

다카하시의 영향력은 상당 기간 계속되었다. 나카지마 스이도(中島翠堂)가 제작한 1853년 세계 지도에는 朝鮮海가 동해 수역 전체를 가리키는 명칭으로 사용된다. 1894년 스즈키 시게유키(鈴木茂行)가 제작한 한중일 지도는 한반도 쪽 바다는 朝鮮海, 일본 쪽 바다는 日本海로 각각의 이름을 사용하는 독특한 방법을 채택했다. 이상태 교수는 1930년까지 발간된 조선해 표기 일본 지도 24개의 목록을 제공한다(Lee, 2010).

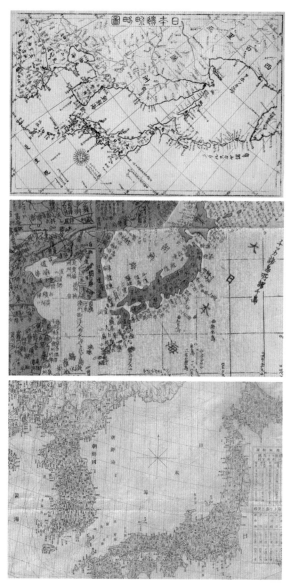

일본 지도에서 사용된 朝鮮海는 몇 개의 유형으로 나뉜다. 1809년 일본 주변국 지도(위)에는 한반도 인접 바다, 1853년 세계지도(가운데)는 동해 수역 전체를 가리키는 명칭으로 사용한다(일본 오른편 바다는 大日本海). 1894년 한중일 지도 「日淸韓三國全圖」에는 한반도 인접 바다는 朝鮮海, 일본 인접 바다는 日本海로 두 개의 이름을 사용하고 있다(아래).

출처: Lee, 2010.

그러면 일본의 조선해 사용을 어떻게 이해해야 할까? 야지 교수는 이를 당시 서양 고지도에서 사용되었던 Sea of Korea의 각 언어 표기를 일본식으로 번역한 것이라 해석한다(Yaji, 2011). 1794년 최초 사용은 러시아 지도를 번역하는 과정에서 등장한 것이라 하고, 제작자인 가츠라가와가 일본을 그린 다른 지도에는 동해 수역이 море Кореи(Korea Sea의 러시아 표기)로 기재된 것을 증거로 든다. 다카하시가 조선해를 채택한 것도 당시에 그가 보았던 서양 고지도의 Gulf of Corea (또는 Korea)를 참조했을 것이라 추정한다.

그러나 서정철 교수의 해석은 다르다. 그는 다카하시의 1810년 지도와 그 이후의 일본 지도에서 일본의 동쪽 바다를 大日本海라 표기한 것에 주목한다. 유럽 지도에도 일본 동쪽을 일본해로 표기한 경우가 있지만[예를 들어, 1646년 더들리(Robert Dudley)의 지도], "태평양 쪽에 '대일본해'라고 표기한 것은 '세계로 뻗어나가고자 하는 일본 막부의 기상'을 대변하는 듯하고, 이런 상황에서 동해까지 일본해로 표기하기는 어려웠을 것(서정철·김인환, 2014, 48)"이라고 주장한다.

야지 교수는 다카하시가 지도를 제작할 당시에는 일본이나 유럽의 관점에서 모두, 일본해는 일본의 동쪽, 즉 태평양의 바다를 부르는 명칭으로 사용하는 관례가 있었음을 인정한다. 그러나 1797년 라페루즈(Jean-François de La Pérouse)의 항해기가 유럽에서 출판된 이래 서양 고지도에서 각국 언어로 된 일본해를 동해 수역에 표기함에 따라 일본의 인식도 달라지기 시작했다고 본다(이 부분은 추가적인 근거와 설명이 필요하다). 결정적이었던 것은 1855년, 야마지 유키타카(山地幸孝)가 도쿠가와 막부의 명령을 받아 45년 전 만들어진 다카하시의 세계 지도를 개정하면서 일본해를 동해 수역으로 옮겨오고 대일본해가 있던 자리에는 '대일본령(大

日本領)'이라 쓰게 되면서부터라고 한다(Yaji, 2011, 338). 이로써 1790년 서양 고지도로부터 채택한 日本海는 65년이 지난 후에야 공식화의 길에 접어들었고, 바로 전 해인 1854년 있었던 일본의 개국과 맞물려 널리 퍼지게 되었다고 보는 것이다.

그러나 일본 내에서 日本海의 사용이 안정적이지는 않았던 것으로 보인다. 여전히 北海가 사용되었고, 앞서 언급한 조선해 표기 24개 지도에서 11개가 1855년 이후에 발간된 것이라는 사실이 이를 뒷받침한다. 이것은 쉽게 바뀌지 않는 지명의 생명력을 보여 주는 것이라 해석할 수 있겠으나, 그 이상의 의미를 부여하기 위해서는 추가적인 근거가 필요하다. 한반도 인접 바다에 대해서는 朝鮮海로 표현하는 것이 우세하지 않았을까 하는 추정도 가능하다. 최근 발굴된 일본 공식문서『官報(관보)』에서의 朝鮮海 사용 기록(1894~1904년에 10차례; Lee, 2019)은 모두 한반도 쪽 수역에 관한 내용이었다. 일본에서 일본해 표기가 정착된 것은 1902년 시베리아 철도역과 일본을 연결하는 항로를 '日本海 회항 항로'라 개칭하고 1905년 러일전쟁 중 발생한 해전을 '日本海 해전'이라 명명한 것이 계기가 되었다고 평가한다(谷治正孝, 2002; 심정보, 2007에서 재인용). 두 경우 모두 러시아의 남하에 대응한 지정학적 동기에서 비롯되었다고 할 수 있다.

이상의 관찰과 논의를 종합하면, 19세기 말까지 일본에서 발간된 지도에 朝鮮海가 사용된 것은 분명한 사실이지만, 이것이 당시 서양 지도에서 사용된 Sea of Korea를 번역한 것이라면(이 주장에는 추가 근거가 필요하다) 일본이 '한국의 바다'임을 인정했다고 주장할 수는 없으며, 더욱이 동해 명칭 정당성의 근거가 될 수도 없다. 반면에 日本海가 일본인들에게 광범위하게 받아들여진 확립된 이름이 아니었다는 것은 충분히 강조할 수 있을 것으로 보인다. 그러나 이것은 서양 고지도에서의 사용과는 별개의 문제임에 주목할 필요가 있다. 일본이 일관되게 주장하는 것은 19세기 중반 이후 일본해에 해당하는 각 언어의 표기가 증가함에 따라 이 이름이 정착되었으며, 일본은 이 추세를 그대로 반영해 일본식 표기 日本海를 채택했다는 점이기 때문이다.

고지도 표기 조사는 어디까지 유효한 정보가 되는가

한국과 일본의 정부가 각 표기의 역사적 합법성을 주장하기 위해 초기부터 발굴에 주력했던 것은 고지도에서의 표기였다. 국가가 형성되면서 제한적인 교류가 이루어지고 있던 시기에 다른 역사적 자료가 없는 상태에서, 지도제작자가 채택한 이름은 그 역사성을 시각적으로 보여 주는 매우 훌륭한 근거가 된다고 본 것이다. 지리 정보의 수집과 배포에 앞장섰던 지도 제작자들은 그들이 듣고 알았던 이름을 적음으로써(때로는 공란으로 남기기도 하면서) 당시의 이름 사용 추세를 대변했다고 해석한다.

　다양한 발굴이 이루어졌고, 이를 종합한 표도 만들어졌다. 한반도와 일본 열도 사이 바다의 이름에 대해 서양 고지도에서 발견되는 최초 등장 기록은 (적어도 현재까지는) 다음과 같다.

- 1615년 포르투갈의 고디뉴 데 이레디아(Manuel Godinho de Erédia)가 마카오에서 발간한 아시아 지도에 표기한 Mar Coria가 한국해를 의미하는 최초의 표기라고 인정된다. 이후 네덜란드의 신학자 몬타누스(Amoldus Montanus)가 1669년 펴낸 일본 관련 저서가 인기를 얻어 여러 언어로 번역되면서 부록 지도에 표기된 Mer de Corée가 여러 언어로 확산하는 계기를 맞았다. Gulf of Korea는 영국 볼턴

(Bolton)의 1740년 아시아 지도에 등장한 이래 1820년까지 수차례 사용된다.

- 1617년 이탈리아 선교사로 일본에 다녀온 블랑쿠스(Christopher Blancus) 신부가 일본 지도에 표기한 Mare Japonicum이 일본해 의미를 가진 최초의 유럽 언어 표기인 것으로 여겨진다. 1704년 놀랭(Jean Baptiste Nolin)의 아시아 지도에 Mer du Japon이라 표기했고, 이것은 이후 1797년 라페루즈의 항해 지도에 표기된 Sea of Japan에 큰 영향력을 미친 것으로 평가된다.

- 1624년 독일의 클뤼버(Philipp Clüver) 사후 발간된 아시아 지도에 동해라는 뜻의 라틴어 표기 Mare Eoum이 사용되었다.

- 1630년 일본을 다녀온 이탈리아 선교사 진나로(Bernardino Ginn-aro)는 북해라는 뜻의 Mare Boreal이라 표기했다.

- 1655년 프랑스의 브리에(Pierre Briet)가 제작한 일본 지도에 동대양이라는 뜻의 Océan Oriental, 1698년 기욤 드릴(Guillaume Delisle)이 제작한 아시아 지도에 동해를 의미하는 Mer Orientale가 사용되었다 (이를 토착지명 동해의 번역으로 보는 해석이 있다).

Mer Orientale, Océan Oriental과 동해

16세기 이후 발간된 서양 고지도를 보면 Mer(또는 Mare) Orientale, Océan Oriental이라는 표기가 종종 나온다. 동양해 또는 동대양으로 번역될 수 있는 이 이름은 한민족이 부르던 동해와 어떤 관련이 있을까?

서정철 교수의 관찰은 매우 주목할 만하다. 그가 발견한 바 이 이름이 최초로 사용된 것은 1528년 이탈리아의 보르도네(Benedetto Bordone)가 제작한 세계 지도인데(이탈리아어 Mare Orientale로 표기), 라벨의 위치가 한반도 남해안 쪽과 태평양 일부에 있어 동해와는 직접 관련되지 않는다고 본다. 그러나 이후 동해 수역에 표기된 두 가지 경우는 토착지명 동해를 프랑스어로 번역한 것으로 본다(서정철·김인환, 2014: 40, 41, 174).

그 하나는 예수회 소속 브리에 신부가 1655년 발간한 일본 지도에 기재한 Océan Oriental이다. 브리에 신부가 베이징에 다녀온 동료들과의 교류를 통해 만주인들이 만주 남쪽 해역을 동해라 부른다는 것을 알게 되어 이를 번역했다는 것이다. 또 하나는 프랑스 왕실의 지리학자이자 지도제작자였던 기욤 드릴이 1698년 제작한 아시아 지도(1700년 재간)에 사용한 Mer Orientale로서, 이 역시 드릴이 세계 여러 곳의 정보를 수집하는 과정에서 평소 교류가 있던 선교사들로부터 동해에 대한 정보를 얻어 이를 번역한 것이라 주장한다. 이 주장이 받아들여진다면 동해를 로마자 언어로 번역한 역사는 20세기 말 세계를 향한 한국의 요청에 훨씬 앞서 17세기 중반으로 거슬러 올라갈 수 있게 된다.

브리에와 드릴이 사용한 이 이름은 이후 영향력 있게 받아들여진 것으로 보인다. 드릴과 교류하고 있던 드 페르(Nicolas de Fer)는 그의 1703년 동아시아 지도의 동해 수역 북쪽에 "유럽인들에게 거의 알려지지 않은 바다이나 타타르인(만주인)은 Orientale라 부른다."라는 서술을 삽입했다. 그러나 드릴은 이후 한국해 표기가 더 우세해짐에 따라 말년에 제작한 지도 (1723, 1724)에는 Mer de Corée라 써넣었다고 한다.

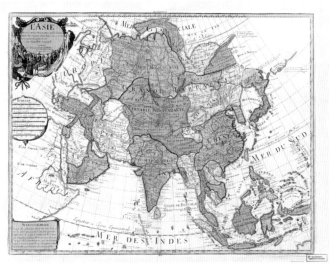

동해를 Mer Orientale로 표기한 기욤 드릴의 아시아(L'ASIE) 지도(1700)

- 1721년 영국의 왕실 지리학자 시넥스(John Senex)는 두 장의 아시아 지도에 하나는 Eastern Sea, 또 하나는 Corea Sea로 표기했다. 1711년 지도에는 The Eastern or Corea Sea라 표기했다. Eastern Sea는 1744년 웨일스의 보엔(Emmanuel Bowen), 1748년 영국 해리스(John Harris)의 마르코폴로 여행 지도에도 등장한다.

서양 고지도에서의 사용 빈도는 양적인 설득 자료로 제시되었다. 먼저 시작한 것은 일본이었다(菱山剛秀·長岡正利, 1994; 谷治正孝, 2002; 심정보, 2007에서 재인용). 1601년부터 1850년까지 발간된 지도 209개의 동해 수역 표기 조사 결과는 일본해 60회, 조선해 45회(한국해를 포함한 듯함), 동양해(동해) 19회로 나타났다. 이 조사를 인용한 일본 정부의 홍보 자료(Ministry of Foreign Affairs of Japan, 2002)에는 그 숫자가 일치하지 않아 신뢰성의 문제를 유발하지만, 두 조사표에서 공통적으로 주목할 것은 따로 있다. 1994년 조사 지도 209개 중 64개, 2002년 홍보 자료 언급 지도 201개 중 77개가 어떤 표기도 없는 지도였다. 이것은 동해 수역의 표기가 아직 불안정했다고 볼 수 있는 근거가 된다.

2000년대 들어와 양국 정부는 고지도 조사에 우선 집중하게 된다. 그 대상은 세계 유수의 도서관에 소장된 지도였다. 한국은 영국 국립도서관, 케임브리지대학 도서관, 미국 서던캘리포니아대학 동아시아도서관, 미국 의회 도서관, 러시아 국립도서관, 프랑스 국립도서관 등을 조사해 그 결과를 2003년 홍보 자료에 실었다. 일본은 2002년부터 2005년까지 대대적인 정부 주도 조사를 실시해 그 결과를 2006년 홍보 자료에 발표했는데, 그 대상은 영국 국립도서관, 케임브리지대학 도서관, 프랑스 국립도서관, 미국 의회 도서관이었다. 표기의 구분이 다르고 두 이름이 함께 사용된 경우

[표 2-2] 서양 고지도에 나타난 동해 수역 표기 조사 결과

	한국의 조사[1]					일본의 조사[1]				
	16세기	17세기	18세기	19세기	계	16세기	17세기	18세기	19세기	계
Sea of Korea East(Eastern) Sea Oriental Sea	–	39	341	60	440	5	29	165	107	306
Sea of Japan	–	17	36	69	122	1	16	70	1,312	1,399
기타[2]	29	69	90	12	200	5	56	39	67	167
계	29	125	467	141	762	11	101	274	1,486	1,872

주: 1) Ministry of Foreign Affairs and Trade of Korea, et al.(2003)과 Ministry of Foreign Affairs of Japan(2006)의 자료를 이용해 작성함.
2) Sea of China, 두 이름 사용, 무표기 등을 포함함.
자료: Choo(2007); Ministry of Foreign Affairs and Trade of Korea, et al.(2007).

의 처리 문제가 있다는 점을 감안해 비교표를 만들면 [표 2-2]와 같다.

두 나라의 조사가 상당 부분 대상을 공유했음에도 불구하고 매우 다른 결과를 창출한 것은 흥미로운 일이다. 그러나 양쪽의 조사에서 공통된 흐름을 발견할 수 있는데, 그것은 18세기까지 한국을 위주로 하는 표기가 우세를 보이다가 19세기에 들어(정확히는 중반 이후에) 일본해 표기가 앞선다는 것이다. 일본의 메이지유신, 개방과 교류, 그리고 영향력 있던 일본해 표기 지도의 확산 등에 의한 것이라고 해석할 수 있다.

고지도 조사는 양국의 추가 주장을 이끌어 낸다. 한국 정부는 조사 대상 지도의 상당수가 동해 수역에 어떤 표기도 하지 않았다는 점에 주목한다. 일본의 조사 결과에서 표에는 드러나지 않지만, 프랑스 국립도서관 지도의 72.8%(1,495개 중 1,088개)와 미국 의회 도서관 지도의 50.1%(445개 중 223개)가 표기가 없었다는 점을 지적하고, 이것은 Sea of Japan이 정착된 이름이라는 주장을 반박하는 사실이라고 반론한다. 한편 일본은 한국해나 동양해는 동해와 다른 이름이기 때문에 이를 같은 묶음으로 분석하

는 것은 문제라고 지적한다. 아울러 조사 대상이 종합적이지 못하다는 점을 언급함으로써 샘플링에 문제가 있을 수 있다는 뉘앙스를 전달한다.

이러한 논쟁은 고지도를 이용한 표기 주장이 전개되는 한 지속될 것이다. 양국은 상대방에게 위의 질문에 대한 대답을 요구할 것이고, 또 다른 관찰의 결과를 제시할 것이다. 그러면 고지도는 어떤 의미를 가지며 어디까지 유효한 정보를 줄 수 있는가? 우선은 고지도 조사는 원하든 원하지 않든 표본 조사임을 기억해야 할 것이다. 역사를 통틀어 제작된 전 세계 지도를 모집단이라 할 수 있겠는데, 이것은 미지의 대상이다. 모집단을 명확히 알지 못하는 상태에서 세계 각국에 소장된 무수히 많은 고지도 중에서 표본을 찾아내는 것이고, 경우에 따라서는 취향에 맞는 표본을 얼마나 많이 발굴해 내느냐 하는 것이 결과를 좌우할 수 있다(주성재, 2004; 2005). 고지도 조사가 객관적인 근거를 제공하기 위해서는 정교한 과학적 조사 방법이 도입되어야 한다.

표본 조사의 유용성이 추세를 파악하는 데 있다는 점은 고지도 조사에도 적용할 수 있을 것으로 본다. 지도를 만들고 사용한 당시의 사람들이 지도에 적은 지명을 통해 각 장소를 어떻게 인식했는지 그 흐름을 전달해 줄 수 있다. 같은 시기에 만들어진 지도는 서로 영향을 주면서 지명을 확산시키는 통로가 되기도 한다. 고지도 연구는 동시대에 나타나는 지명의 클러스터가 어떻게 변화해 왔는지를 보여 주는 좋은 수단이다.

그러나 외부 언어집단이 부여한 고지도의 지명은 하나의 참고자료일 뿐이지 지명의 역사성을 나타내는 절대적 근거는 아니다. 외부인의 장소 인식이 반영된 외래지명이며, 해역을 접하는 국가, 민족, 언어집단의 정서와 문화가 들어간 이름을 반영하지 못할 가능성이 있다. 평생 서양 고지도를 연구한 서정철 교수의 결론은 이런 점에서 의미심장하다.

"해역의 명칭을 연구하는 데 있어서 가장 중요한 자료는 고지도이지만, 고지도에서 어느 명칭이 우세하느냐 하는 것은 시대와 나라에 따라 다르기 때문에 어떤 명칭이 절대적으로 우세하다든지 어떤 명칭이 고지도의 역사적 과정을 통하여 어떤 명칭으로 진화, 정착되었다는 주장은 결국 허구에 불과하다(서정철·김인환, 2014, 308-309)."

표기의 역사성에서 어떤 의미를 찾을 것인가

동해를 기록한 역사 자료나 고지도의 새로운 발견은 여전히 언론의 관심을 끈다. 여기는 '한국해'류의 표기(사실 당시에 '한국'은 없었으므로 한국해라는 용어는 적절하지 않다)와 일본이 사용한 朝鮮海를 모두 포함한다. 일본은 1850년 이후 급속히 증가한 '일본해'류의 표기를 모아 두꺼운 자료집을 발간한다. 이러한 움직임이 동해/일본해 표기 분쟁의 해결을 위해 어떤 역할을 할 수 있을까?

우리는 우선 양측이 강조하는 논점의 근본적인 차이를 다시 한번 짚어볼 필요가 있다. 한국에서는 동해 명칭이 오랜 기간 사용된 역사와 함께 한민족의 문화, 정서, 기억이 담긴 문화유산이기 때문에 국제적으로도 존중되어야 한다고 한다. 반면에 일본은 이 바다에 대한 뚜렷한 이름이 없었고 외부인이 부르는 것을 수용해 채택했을 뿐이며, 이 과정에서 국제적으로 정착된 일본해 표기에 어떤 변화도 필요 없다고 한다. 한국으로서는 동해의 오랜 역사가 중요하며, 일본으로서는 근대 이후 세계에서 사용된 일본해가 관심이다. 따라서 표기의 역사성 논의는 그 역사를 어느 정도의 기간으로 볼 것인가의 문제로 귀결된다. 일본이 말하는 근대 이후 200년이 되지 않는 역사도 긴 기간으로 보고 국제적 지명 표준화를 위한 충분한 요건을 갖추었다고 볼 수 있다.

동해 표기 확산 활동 초기에 한국이 주장한 '2천 년의 장구한 역사'는 상당한 상징성으로 다른 어떤 역사적 근거보다 강력한 힘을 발휘할 것으로 기대했다. 그러나 그 효과에 대한 평가는 아직 남아 있는 숙제 중의 하나이며, 그 역사가 현재 지명 사용에 갖는 유효성 또는 유용성을 정당화할 필요도 있다. 이러한 점에서 한민족의 삶과 함께 한 동해 명칭의 실질적 사용을 서적, 전설, 설화, 가요의 역사적 자료에서 찾아내자는 제안(주성재, 2005)은 여전히 유효하다. 이 분야에서 역사학자 이영춘 전 국사편찬위원회 편사연구관이 바다 이름 국제세미나에서 발표한 일련의 논문(Lee, 2011; 2013; 2014; 2015; 2017)은 이러한 점에서 매우 의미 있다(9장 참조).

역사 자료를 해석하는 데는 항상 한계와 제약이 존재한다는 것을 인식할 필요가 있다. 사료 작성에 불확실한 배경이 있을 수도 있고 고지도의 대표성 문제도 있다. 불확실한 경우 필요한 것은 사실에 근거한 명백한 포인트만 강조하는 것이다. 상반된 해석은 존재하기 마련이므로 감정에 치우치지 않고 해결 지향, 미래 지향으로 해석의 합의를 이루어 가는 과정이 필요하다.

3장. 바다 이름은 왜 분쟁의 대상이 되는가

페르시아만, 아라비아만, 걸프만

동해/일본해 분쟁을 논의할 때 함께 등장하는 질문이 바다 이름 분쟁에 다른 사례는 없는가 하는 것이다. 때로는 '단지 하나의 이름'에 불과한 동해 수역 명칭에 대한 우리 국민의 강력한 의지를 이해하기 어렵다는 느낌이 담겨 있기도 하지만, 대부분은 비슷한 사례를 통해 해결의 실마리를 찾거나 적어도 시사점을 찾아보자는 의미로 던져지는 질문이다.

이에 대한 대답으로 대표적인 사례는 아라비아반도와 이란 사이에 있는 길쭉한 해역의 이름이다. 국제적으로 더 많이 알려진 이름인 페르시아만(Persian Gulf)이 아닌 아라비아만(Arabian Gulf)을 사용해야 한다는 아랍 국가들의 주장이 그 분쟁의 핵심이다. 아라비아만의 사용은 1955년 바레인 통치자의 영국인 자문역이었던 벨그레이브경(Sir Charles Belgrave)이 바레인 결속을 지향하는 잡지 『바레인의 소리(Sawt al-Bahrain, Voice of Bahrain)』에서 주장했다고 알려져 있다. 이후 1960년대에 범아랍주의와 아랍민족주의가 등장하면서 이 주장은 영향력을 확대해 나갔다.

페르시아만은 이란의 고대 왕국 페르시아에서 유래한 것으로서 역사적 합법성을 가진 이름이었다. 그리스 지리학자 스트라본(Strabon)과 프톨레마이오스(Claudios Ptolemaeos)로부터 시작해 라틴어와 그리스어로 된 역사적 문서나 고지도는 이곳을 페르시아만이라 적었다(Malmirian, 1998). 아라비아만이라는 이름에 역사적 근거가 없는 것은 아니었다. 17세기 초반에 제작된 고지도에 아라비아만(프랑스어 Sein Arabique)[1]이라는 표기가 등장한다. 그러나 상당수의 아라비아만 표기는 아라비아반도 서쪽, 즉 홍해 수역에 나타난다.

역사적 근거에 열세가 있음에도 불구하고 이 바다를 접하고 있는 7개 아랍 국가(사우디아라비아, 쿠웨이트, 아랍에미리트, 카타르, 오만, 바레인, 이라크)는 아라비아만의 국제적 사용을 늘려 나갔다. 아라비아만을 괄호에 넣어 페르시아만과 병기한 지도가 나타났고, 한 걸음 나아가 두 이름을 대등하게 표기한 지도도 나왔다. 미국 정부가 페르시아만을 관용 지명(conventional name)[2]으로 채택하고 있음에도 불구하고 미국의 군 기관이 1990년대 초부터 아라비아만을 쓰도록 한 것도 아랍 국가와의 협력을 고려한다는 표면상의 이유뿐 아니라 그들의 영향력이 작용한 것으로 이해할 수 있다.

아라비아만 사용 확대에 이란은 강력하게 반발했다. 2004년 미국의 내셔널지오그래픽(National Geographic)에서 발간한 지도책에 아라비아만을 작은 글씨로 괄호에 넣어 병기한 것은 이란 국민, 특히 네티즌과 이란

---

1) 여기서 프랑스어 sein은 '안쪽 부분'이라는 뜻으로 '만'에 해당하는 속성 지명으로 사용되었다.
2) 외국의 지명에 대해 현재 가장 많이 쓰이는 것으로 미국지명위원회(USBGN)가 인정한 지명을 말한다(6장 참조).

학 연구자들의 엄청난 반발에 직면했다. 이란 정부는 이 지도책의 판매를 금지했고, 결국 지도사는 괄호 부분을 없애고 "이 수역은 역사적으로, 가장 일반적으로 페르시아만이라 알려져 있으나 일부에 의해 아라비아만이라 불리고 있음"이라는 주석을 삽입한 수정판을 발행하기에 이르렀다.

문제의 심각성을 인지한 세계 지명 사용자들은 둘 중 어떤 이름도 아닌 제3의 명칭을 고안하거나 되살리기 시작했다. 1979년 이란혁명 이후 제안된 이슬람만(Islamic Gulf 또는 Muslim Gulf), 두 이름을 결합한 아랍-페르시아만(Arabo-Persian Gulf) 등이 그것이었다. 제3국에서 실질적으로 사용의 단계에 이른 것으로는 더걸프(The Gulf)가 대표적이다. 1990년 이라크의 쿠웨이트 침공에 이어 발발한 전쟁을 '걸프전쟁(Gulf War)'이라 지칭한 것이 이 이름을 확산시킨 계기가 되었다. 우리나라 언론도 이

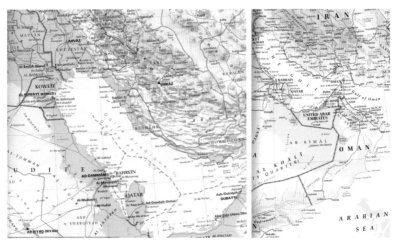

이란과 아라비아반도 사이의 바다에 양쪽의 입장을 모두 반영해 페르시아만과 아라비아만을 동등한 위상으로 표기한 지도도 간혹 발견된다(왼쪽). 제3의 이름 The Gulf에 대해(오른쪽) 아랍 국가들은 수용 가능하다는 반응을 보이지만, 이란은 절대로 용납할 수 없다는 입장을 굳건하게 견지하고 있다.

출처: Les Éditions Atlas, 2011, *Le Grand Atlas Du Monde*(왼쪽); Collins, 2007, *The TIMES Atlas of the World*(오른쪽)

이름을 채택했는데, 속성 요소가 필요함에 따라 '걸프만'이라는 지명을 창작하기에 이르렀고, 이는 의미상 '만만'이 되는 우스꽝스러운 신조어가 된 것이다(주성재, 2018, 155).

적극 대응하는 이란, 느긋한 아랍 국가

더걸프라는 명칭은 미국과 영국을 비롯한 영어권 국가의 방송과 출판물을 통해 확산해 나갔다. 그러나 이란은 역사적 합법성을 가지고 지극히 당연하게 사용해 오던 페르시아만 이외의 이름을 용납할 수 없었다. 2006년 6월, 이란 정부는 기사에 삽입된 지도에 The Gulf를 표기한 주간지 『이코노미스트(The Economist)』의 판매를 금지했다. 2008년 1월에는 이란 외교부가 미국 해군의 메시지를 인정하지 않겠다고 발표했는데, 그 이유가 해당 해역의 이름을 The Gulf라고 지칭했기 때문이라고 했다.[3]

페르시아만 표기 분쟁은 대한민국 정부에도 불똥이 튀었다. 2020년 2월, 인근 호르무즈해협으로의 청해부대 파병 발표에서 대한민국 국방부가 '아라비아 페르시아만'이라는 표현을 사용한 것을 두고 이란 외무부는 "역사적인 명칭조차 알지 못하면서 무슨 지식과 정당성으로 군대를 보내는가"라고 항의했다. 한국군 파병에 반대 입장을 취하고 있던 이란에게 표기 문제는 기름을 붓는 격이 되었던 것이다. 국방부는 외교부에 적절한 명칭을 다시 알려 달라고 요청했고, 외교부는 분쟁지명의 경우 알파벳 순서의 병기가 원칙이지만 상대국과의 관계에 따라 순서를 바꿔 사용할 수 있다고 답변했다고 알려졌다(《헤럴드경제》, 2020. 2. 5.). 이에 따라 앞으

---

3) CNN World News, "지명 게임이 미국과 이란의 갈등을 강타한다(Name game strokes U.S.-Iranian tensions)" 제하 기사(2008. 1. 24.)의 내용이다.

로 이곳의 명칭은 '페르시아/아라비아만'을 사용하기로 했다고 한다.

이와는 반대로 아랍 국가들은 느긋한 태도를 보인다. 1986년 이래 국제수로기구(IHO)에서 세계 바다의 경계와 이름을 수록하는 책자 『해양과 바다의 경계』 개정판을 편집하는 과정에서 페르시아만 단독 표기에 반대했다는 기록은 보이지 않는다.4) 유엔지명회의에서 동해 표기 문제에 대해서는 관련국이 치열하게 공방을 펼치는 반면, 이 문제는 표면상 드러나 있지 않다. 2006년 제23차 유엔지명전문가그룹(UNGEGN) 총회에서 이란이 페르시아만의 정당성을 주장하는 장황한 보고서를 읽었을 때도 아랍 국가들은 반응하지 않았다. The Gulf 명칭도 아라비아만을 지칭하는 것으로 받아들일 수 있다는 입장이다.

아랍 국가들이 아라비아만 명칭을 확산하기 위해 전개하는 '조용한' 활동은 한국과 비슷해 보인다. 실질적이고 실용적인 성과를 지향해 세계 지도제작사들과 지도 편집에 영향을 미치는 전문가에게 접근해 정당성이 있는 지명을 함께 존중할 필요가 있다고 설득하는 것이다. 아랍에미리트(UAE)가 운영하는 프로축구 리그는 2013~2014년 시즌부터 "UAE 아라비안 걸프 리그(UAE Arabian Gulf League)"로 이름을 바꾸었다. 2016년 이 지역 8개국이 겨루는 축구 컵대회를 창설하면서 그 조직을 "아랍 걸프 컵 축구연맹(Arab Gulf Cup Football Federation)"으로, 우승컵을 '아라비안 걸프 컵(Arabian Gulf Cup)'으로 명명했다. 이들은 모두 그들의 명칭에 대한 관심과 사용을 높이기 위한 시도로 이해된다. 그러나 한국은 정부를 중심으로 국제기구와 각국 정부를 대상으로 하는 활동을 활발히 전개하고 있다는 것이 아랍 국가들과 다른 점으로 주목해야 할 것이다.

---

4) 1953년 발행된 이 책자의 제3판에 Gulf of Iran(Persian Gulf)라 표기된 명칭은 1986년 개정판 초안 이래 Persian Gulf로 표기되어 있다.

다양성 존중의 방법, 두 이름 함께 쓰기

IHO는 2002년 『해양과 바다의 경계』 개정판 발간 편집 과정에서 유럽 세 개 수역에 대해 두 이름을 함께 쓰는 방법을 채택했다. 영국과 프랑스 사이의 바다 영국해협(English Channel)에 라망슈(La Manche)를, 영국해협에서 분리된 도버해협(Dover Strait)에 칼레해협(Pas de Calais)을, 프랑스와 스페인 사이 바다 비스케이만(Bay of Biscay)에 가스코뉴만(Golfe de Gascogne)을 괄호에 넣어 함께 표기한 것이다. 영어와 프랑스어를 공용어로 채택하고 있는 IHO는 프랑스어판에서는 순서를 달리해, 즉 La Manche(English Channel)과 같이 쓸 수 있음을 부록에서 밝히고 있다.

병기의 이유는 도면에 따라 나오는 본문에 "기술 결의 A 4.2의 단락 6을 준수해 해도에 두 이름을 함께 쓸 수 있다"고 친절하게 설명한다. 부록에 수록된 이 결의는 "두 개 이상의 국가가 다른 형태의 이름하에 해역을 공유할 경우 단일 이름에 합의하도록 노력할 것이며, 합의되지 않을 경우 각 언어의 이름을 수용할 것"을 내용으로 한다. 이 결의와 유럽의 사례를 통해 수역에도 적용해야 한다는 것이 한국의 주장이다(5장에서 상술함).

유럽에 있는 이 세 개 수역의 이름이 경합, 갈등 또는 분쟁의 대상(1장 참조)으로 주목받은 경우는 없어 보인다. 또한 이 사례는 영어와 프랑스어에서 가장 많이 쓰이는 이름을 병기한 것으로서, 같은 언어에서 두 이름을 병기(예를 들어 영어에서는 East Sea와 Sea of Japan, 프랑스어에서는 Mer de l'Est와 Mer du Japon)하자는 동해 수역의 표기 제안과는 다른 점이 있다. 그러나 세 가지 사례는 기본적으로 다양성을 존중하는 지명 병기의 배경을 보여 준다. 각 지명이 갖는 정당성을 확보하고 사용자가 혹시 마주할 수 있는 혼동을 피하기 위한 방법이라는 점이 공통으로 발견된다.

한국에서 영국해협으로 더 많이 알려져 있는 영국과 프랑스 사이의 물길은 프랑스어에서는 '소매'라는 뜻의 manche에 여성명사에 붙는 정관사 la가 더해져 라망슈(La Manche)라는 이름으로 불려왔다. 『대영백과사전』은 La Manche가 17세기 이래 사용되었다고 전하고 있어 English Channel만큼 또는 그보다 더 긴 역사를 가지고 있음을 시사한다. 이 수역에 관한 고지도 조사에 따르면 English Channel이 처음 등장한 것이 1680년이고, 널리 사용되기 시작한 것은 18세기 초라고 기록하기 때문이다(For-

CELTIC SEA, ENGLISH CHANNEL and BAY OF BISCAY

CELTIC SEA, ENGLISH CHANNEL (LA MANCHE),
DOVER STRAIT (PAS DE CALAIS)
and BAY OF BISCAY (GOLFE DE GASCOGNE)

IHO는 2002년 『해양과 바다의 경계』 개정판 발간 편집과정에서 영국, 프랑스, 스페인 사이 3개의 바다에 대해 두 이름을 표기하는 방법을 채택했다(아래). 한국은 이 사례를 들어 동해 수역도 병기해야 함을 주장한다. 위는 1986년에 제작된 초안에 삽입된 도면이다.
ⓒ IHO

rest, 2008). 라망슈를 함께 쓴 것은 300년 이상의 역사를 갖고 사용자에게 영향을 미친 문화유산을 존중하기 위함이라 볼 수 있다.

이에 비해 도버해협이 국제적으로 주목받은 것은 그리 오래되지 않은 것으로 보인다. 영국과 프랑스를 마주하는 이 해협의 가장 짧은 구간은 18해리(33㎞)에 불과하고 상당 부분 양국의 영해가 겹치기 때문에 공해가 존재하는 바다를 관심 수역으로 하는 IHO의 영역에서 벗어나 있었지만, 2002년 편집과정에서 영국해협에서 분리된 수역에 양쪽 해안의 도시 이름에서 유래한 도버해협과 칼레해협을 소환해 왔다. 1994년 유로터널이 완공되어 양쪽을 잇는 열차편이 개통되고 중요한 교통로로서 국제적 관심을 끈 것이 변화를 가져왔다고 추측할 수 있다. 2000년대 중반 이래 발행되는 도로망 지도에서 이 좁은 수역에 두 이름을 함께 표기하는 것(Forrest, 2008)이 그 추측을 뒷받침해 준다.

비스케이만의 경우는 조금 특이하다. 스페인과 프랑스의 해안을 이루는 이 해역에 대해서는 스페인 북부 지역의 이름 비스케이(스페인어 Viz-caya, 바스크어 Bizkaia)에서 유래한 비스케이만이 대부분 지도에서 사용된 것으로 발견된다. 프랑스 남서부의 지역 가스코뉴(Gascogne)의 이름을 딴 가스코뉴만은 이 수역의 남동부, 즉 프랑스와 스페인 해안의 좁은 영역을 지칭하는 이름으로 사용해 왔음을 볼 수 있다. 가스코뉴만이 동등한 레벨로 등장한 것은 2008년 이후 제작된 도로망 지도이다(Forrest, 2008). 이러한 표기 변화에 2002년 IHO의 병기가 영향을 미쳤는지, 그리고 2002년 IHO의 결정에는 어떤 점이 고려되었는지는 추후 조사를 통해 밝혀야 할 부분이다.

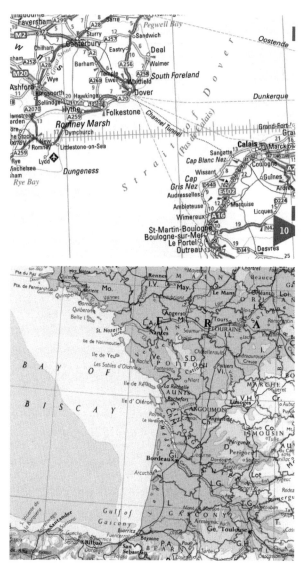

도버해협(칼레해협)이 세계지도에 빈번히 나타나는 데에는 유로터널의 개통과 열차편의 개설이 영향을 미치지 않았을까 추측할 수 있다. 위 지도에는 양쪽 도시와 터널의 위치, 그리고 이 두 이름을 함께 보여 준다. 비스케이만의 일부로 간주되었던 가스코뉴만(아래 지도)이 동등한 레벨의 이름으로 격상한 것은 추후 조사가 필요한 부분이다.

출처: Harper-Collins, 2008, *Collins Road Atlas Europe*(위); Philip's, 1972, *The University Atlas*(아래). Forrest(2008)에서 재인용함.

영토 분쟁과 동행하는 명칭 분쟁

2017년 7월, 인도네시아 정부는 자국에 접한 남중국해의 아래쪽 바다를 북나투나해(North Natuna Sea)로 명명한 새 공식 지도를 공개했다. 1986년 IHO의 『해양과 바다의 경계』 개정판 편집과정에서 남중국해의 아래쪽 부분을 나투나해(Natuna Sea)라는 이름으로 분리한 데 이어, 그 영역을 북쪽으로 더 확대해 자국의 배타적 경제 수역(EEZ)에 해당하는 바다의 이름을 다시 지정한 것이다. '나투나'는 272개 섬으로 구성된 나투나 제도에서 유래한 것이다. 인도네시아 연구자 반 데어 뮐렌에 따르면, 나투나는 산스크리트어에 기원을 둔 '비가 내리는' 또는 '흠뻑 젖은'이라는 뜻의 '나티우나(nâti-unna)'에서 온 말로 추정된다(Van der Meullen, 1975; Lauder and Lauder, 2018에서 재인용).

인도네시아 해양조정부는 "(인도네시아의) 대륙붕 경계와 그 북쪽 해역 간의 관련성을 명확히 하기 위해 북나투나해라는 이름을 붙이기로 했다"고 설명했다(《연합뉴스》, 2017. 7. 15.). 일찍이 1947년 중국이 남해구단선을 통해 공표한 영유권 주장, 중국인의 어업 활동, 그리고 최근 강하게 전개되는 중국의 남중국해 진출을 견제하려는 목적이 담긴 조치였다. 중국은 강하게 반발했다. 공식 서한을 통해 "국제적으로 통용되던 해역의 명칭을 바꾼 것은 문제를 복잡하게 만들고 분쟁을 확대해 평화와 안정을 해친다. 중국과 인도네시아의 영유권 주장에는 겹치는 부분이 있다. 인도네시아가 해역의 명칭을 바꾼다고 해서 사실 관계가 바뀌지는 않는다."고 주장했다(《연합뉴스》, 2017. 9. 3.).

재미있는 것은 중국과 갈등 관계에 있는 미국의 태도이다. 2018년 1월 인도네시아를 방문한 매티스(James Mattis) 미국 국방 장관은 "우리는 남

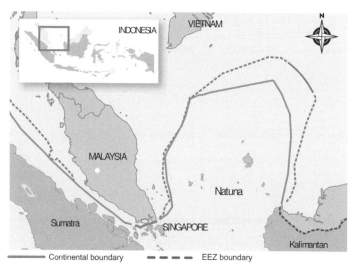

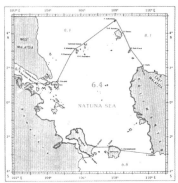

2017년 7월, 인도네시아는 나투나제도의 북쪽 배타적 경제 수역을 북나투나해로 명명한다고 선언했다. 1986년 IHO가 채택한 나투나해(아래 도면)에서 북쪽으로 더 확대한 수역(위 도면의 점선에 해당. 실선은 대륙붕 경계를 나타냄)에 해당하는 것이었다.

출처: 인도네시아 해양조정부 홈페이지(2017. 7. 15), 《연합뉴스》 기사에서 재인용; IHO.

중국해와 북나투나해에서의 해양 영토 감시를 도울 수 있다."고 언급했다. 중국이 금기어로 삼고 있는 '북나투나해'를 미국 정부의 책임자가 의도적으로 거론한 것은 미국이 남중국해 영유권 분쟁 조정에서 중국이 아닌 인도네시아를 지지할 수 있음을 시사한 것으로 해석된다(《아시아경제》, 2018. 1. 24.). 바다의 이름이 명확한 정치적 메시지를 전달하는 수단이 된 것이다.

남중국해는 다수의 국가가 접하고 있고(중국, 대만, 베트남, 필리핀, 말레이시아, 브루나이의 6개국, 나투나해 분리 이전에는 인도네시아까지 7개국) 그 가운데에 다수의 해양 지형물이 위치하고 있어, 영유권과 해양 관할권을 둘러싼 국가 간 분쟁이 매우 심하게 전개되는 곳이다. 스프래틀리 군도(Spratly Islands, 중국명 南沙群島), 파라셀 군도(Paracel Islands, 중국명 西沙群島), 스카버러 암초(Scarborough Shoal, 중국명 黃岩島)가 영유권 분쟁을 겪고 있고, 각국이 주장하는 관할 해역이 중첩된다. 이러한 상황에서 바다 이름은 각국의 주장을 뒷받침하는 중요한 도구가 된다. 필리핀은 서필리핀해(West Philippine Sea), 베트남은 비엔동(Biển Đông, '동쪽 바다'라는 뜻)을 사용함으로써 자국의 바다임을 주장한다. 실제로 필리핀은 2012년에 200해리 배타적 경제 수역에 해당하는 남중국해 일부 해역을 공식적으로 서필리핀해로 변경하는 행정조치를 취했다.

그러나 국제적인 정세 변화는 또 다른 명칭 변화의 가능성을 암시한다. 중국에게 1994년 스프래틀리 군도 일부를, 2012년에는 스카버러 암초를 빼앗긴 필리핀은 2020년 이곳에 대한 영유권 주장을 포기하는 듯한 뜻을 밝혔다. 그 이유는 중국으로부터 코로나바이러스감염증-19 백신 수급을 위함이라고 추측되었다(《조선일보》, 2020. 7. 29.). 이 정치적 흐름이 '서필리핀해' 명칭에 영향을 준다면 바다 이름 역사에 큰 오점으로 남을 것 같다.

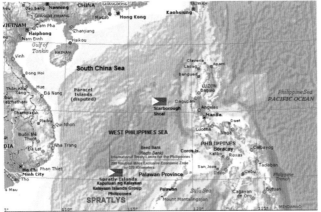

베트남에서는 남중국해에 해당하는 부분에 '동쪽 바다'라는 뜻의 비엔동(Biển Đông)을, 필리핀에서는 서쪽이라는 표시로 서필리핀해(West Philippine Sea)를 사용한다. 베트남은 중국의 하이난섬과 사이의 수역을 비엔동의 일부로 보고 '북쪽의 만'이라는 뜻의 빈박보(Vịnh Bắc Bộ, 중국 이름 北部灣, 로마자표기 Beibu Gulf)라는 이름을 사용한다. 이곳은 국제적으로 통킹만(Gulf of Tonkin, 東京灣: 여기서 東京은 이전 수도 하노이를 가리킴)으로 알려져 있다. 위 도면은 베트남에서 발간된 지도책에 수록된 것이고, 아래 도면은 필리핀 젊은 세대 교육을 위한 페이스북에 사용된 것이다. 이 수역에 있는 스프래틀리 군도와 스카버러 암초를 모두 필리핀의 영토로 선언한 것이 이채롭다.

출처: Trương Quang Hải (ed.), 2010, *Atlas Thăng Long Hà Nội*, Hà Nội Publisher(위);
@ NationalYouthMovementfortheWestPhilippinesSea(아래)

바다 이름의 특수성

그러면 바다 이름에 대해서는 왜 국가 간 분쟁이 많은 것일까? 미국지리학회(AAG) 회장을 지낸 정치지리학자 머피(Alexander Murphy)는 한 국가의 주권을 벗어난 공해(公海)에 국가명을 이용해 명칭을 부여한 경우 분쟁이 발생할 수 있음에 주목했다(Murphy, 1999). 그는 이러한 바다 25개를 분석한 후, 분쟁의 정도에 따라 세 단계로 유형화했다. 동해-일본해, 페르시아만-아라비아만, 남중국해-비엔동은 각국의 명칭 관철을 위한 강력한 활동이 있는 강한 분쟁에, 영국해협-라망슈, 비스케이만-가스코뉴만, 타이만-시암만5)은 명칭 홍보를 위한 활동이 거의 존재하지 않는 중간 단계의 분쟁에 속했다. 이 수역은 모두 여러 나라로 둘러싸인 내해(inland sea) 또는 지중해(mediterranean sea)의 형태를 갖는다.

　머피는 국가명을 따라 바다 이름을 붙일 때 분쟁 발생의 잠재 요인이 많음을 말한다. 하나는 제2차 세계대전 이후 현대적 영토 국가 체제가 안정되어 감에 따라 모든 국가가 자국의 정체성을 정립하는 데 주력하게 되었다는 점이다. 또 하나는 민족주의의 힘이 각 사회를 구분하는 매우 강력한 지각적, 기능적 기제로 작용하게 되었다는 점이다. 아울러 인접 국가 간에 정치적, 경제적 헤게모니의 역사나 갈등의 역사가 존재할 때 지명 분쟁은 증폭된다는 점을 강조했다. 이러한 상황에서 여러 국가 중 한 국가의 이름을 사용하는 바다 이름은 그 나라가 소유권을 갖거나 통제권을 행사한다는 느낌을 주게 되어 다른 국가에서 용납할 수 없다는 점을 강조한다.

　머피가 말한 분쟁 요인을 보면 모두 한국과 일본의 관계에 적용되는 것

---

5) 타이만(Gulf of Thailand)이 국제적으로 많이 사용되지만, 말레이어, 크메르어권에서는 시암만(Gulf of Siam)을 사용한다. 시암은 이 지역에 존재했던 왕국의 이름이다.

이니, 그 사이 바다 이름에 문제가 없는 것이 오히려 이상한 듯 보일 수 있다. 그러나 국가명을 사용하는 바다 이름에 분쟁이 없는 경우가 더 많다는 분석(머피가 조사한 25개 중 19개가 분쟁 없음)을 고려한다면, 동해 수역의 분쟁이 특수한 경우인 것만은 사실이다. 그만큼 동해라는 이름을 갖는 바다에 대해 갖는 한국인의 인식과 정체성 확인이 크다는 것을 의미한다고 하겠다. 동해를 함께 쓰자는 제안이 여기서 출발한다. 그 해결의 방법으로서 경쟁적인 대결의 의미를 갖는 이름(예를 들어 Sea of Korea와 같은)이 적절하지 않은 것은 분명하다.

4장. 동해와 한국해, 병기와 단독 표기, 제3의 명칭, East Sea와 Donghae

'평화의 바다' 해프닝

2007년 1월 8일 저녁, 동해 관련 기사가 방송 뉴스의 헤드라인을 차지했다. 2006년 11월 18일, 베트남 하노이에서 있었던 아시아태평양경제협력체(APEC) 회의 기간 중 열린 한일정상회의에서 노무현 대통령이 아베 총리에게 동해를 '평화의 바다' 또는 '우정의 바다'라 부르면 어떻겠냐고 제안했다는 소식이 뒤늦게 전해진 것이다. 한일 간에 꼬여 있는 여러 현안을 풀기 위한 발상의 전환 차원에서 대통령이 비공식적으로 언급한 사실이 있고, 일본 측에서 별다른 반응을 보이지 않아 그 이후 논의된 바 없다는 청와대의 확인도 함께 전해졌다(MBC 뉴스, 2007. 1. 8.).

이 뉴스는 다음날 일본 조간신문에서도 중요하게 다루어졌다. "아베 총리가 바로 그 자리에서 거부했다(《도쿄 신문》, 2007. 1. 9.)", "아베 총리가 '검토하지 않겠다'고 하자 노 대통령이 정식 제안이 아니라고 해서 의사록에도 남아 있지 않다(《마이니치 신문》, 2007. 1. 9.)"는 사실 전달로부터 "사전에 실무선과 충분히 조정한 발언이 아니라 즉흥적인 제안이었던 것으로 보인다(《아사히 신문》, 2007. 1. 9.)", "제3의 명칭으로 부르자는 제안은 모두 일본해라는 명칭을 부정하기 위한 동기가 있다(《산케이 신문》, 2007. 1. 9.)"는 논평까지, 모두 일본의 입장에서 그들의 시각이 반영된 내용이었다.

이 제안은 하나의 해프닝으로 끝나고 더 이상 발전하지 않았다. 노 대통령은 두 주 후 신년 기자회견에서, 양쪽이 양보해서 받아들일 수 있는 이름으로 오랜 고심 끝에 제의했던 것이라는 점을 분명히 했다(SBS 뉴스, 2007. 1. 25.). 어떤 하나의 이름으로는 합의가 되지 않을 것이니 제3의 이름을 채택해서 해결할 수 있다면 한일 관계를 진전시키는 지렛대가 될 수 있다는 인식을 반영한 것이었다. 양국 간에 신뢰가 쌓여 있다면, 행정의 최고 수반 사이에 "대승적으로 얘기를 해 보자는 취지(노 대통령)"로 충분히 논의할 수 있었던 주제라고 본다.

현재 한국 정부가 제안하는 명칭은 동해(東海)를 각 언어로 번역한 것(영어 East Sea, 프랑스어 Mer de l'Est 등)이다. 그러나 국제적으로 사용할 동해 수역의 표기에 대해서는 여러 다른 의견이 존재한다. 제3의 명칭을 도입하자는 의견부터 시작해서 서양 지도에서 많이 사용된 Sea of Korea(굳이 번역하자면 '한국해')를 제안하자, 병기가 아닌 단독 표기를 주장하자, 동해의 번역이 아닌 로마자 표기 Donghae로 하자 등이 그것이다. 혼란을 일으킬 수도 있는 이들 주장이나 제안을 어떻게 보아야 할까?

East Sea 명칭의 확산

유의상 전 국제표기명칭대사가 전하는 East Sea 정착의 초기 상황은 다음과 같다(유의상, 2020). 한국 정부가 동해 명칭의 국제적 통용을 위한 입장을 채택한 것은 1992년 8월이다. 바로 전 해인 1991년 유엔 회원국이 된 이후 정부에 회람되는 각종 문서에 동해 수역이 Sea of Japan 단독 표기로 된 문제를 인식한 것이 계기가 되었다. 당시 외무부(현 외교부)를 비롯한 정부 부처는 동해 명칭의 국제적 표기를 무엇으로 할지에 대해 'East Sea' 이외에 'Tong Hae(당시 국어의 로마자 표기법에 의함)'와 'Sea of Korea'도 후보에 올리고 논의했다. 이 중 Tong Hae는 바다로서의 의미가 나타나지 않아 국제사회에서 수용 가능성이 적다는 이유로, Sea of Korea는 역사적 근거는 있으나 현실성이 적다는 이유로 배제했다. 반면에 East Sea는 정부의 대외 홍보 책자에 이미 사용되었으며, 『대영백과사전』과 『아메리카나 백과사전』에도 Sea of Japan과 함께 표기되어 있기 때문에 충분히 설득력이 있다고 보았다.

한국 정부가 영어 East Sea를 기반으로 하는 각 언어의 표기를 채택하기로 결정한 것은 이 명칭을 세계적으로 확산시키는 데 매우 중요한 출발점이 되었다. 세계 주요 도시에 존재하는 재외 공관을 통한 외교 채널이나 수로, 해양 기관을 통한 공공 부문의 활동, 그리고 민간 전문가나 시민단체를 통한 설득 작업에서 '동해'의 번역인 'East Sea'를 함께 쓰자는 제안은 설득력 있게 받아들여졌다. 세계 지도 표기 조사에서 East Sea를 병기한 비율이 2000년 2.8%에서 2014년에 40%를 초과한 것으로 집계되는 추세는 바로 그 결과이다.[1]

---

1) 2000년 조사는 일본 외무성에서, 2014년 조사는 한국 외교부에서 수행했다. 7장에서 상술한다.

East Sea가 아니라 Sea of Korea다?

동해의 국제 표기 East Sea에 대한 세계 지도제작사의 호응에도 불구하고 한국에서는 그 명칭의 적절함에 문제를 제기하는 시각이 있다. 대표적인 것이 Sea of Korea로 해야 한다는 주장이다. 이는 '동해'의 국제 표기 대안으로 제기되는 것이기 때문에 엄밀히 말해서 '한국해'로 번역해 사용하는 것은 적절하지 않다. 그러나 때로는 한국어 명칭에서도 방위를 나타내는 '東海'가 아닌 '조선해'를 사용하자는 주장을 하기도 한다.

　Sea of Korea 주장은 동해 명칭 확산 활동을 시작한 이래 수차례 제기되었다. 2000년대 들어서 처음으로 공론화된 것은 2004년 9월이었다. 유엔지명전문가그룹(UNGEGN)의 지명 용어집 워킹그룹 의장이며 이스라엘 대표인 저명한 지명학자 캐드먼(Naftali Kadmon) 교수가 이스라엘 지도제작사의 세계 지도에 Yam Korea('Yam'은 바다를 의미하는 히브리어의 로마자 표기)가 Yam Japan과 함께 표기되었다는 소식과 함께 이러한 병기를 지지한다는 의사를 한국 홍보 단체 반크(VANK)에 알려 왔다는 보도가 발단이었다(《연합뉴스》, 2004. 9. 8.). 이 보도는 당시 몇 달 전인 6월 말부터 한 일간지에 두 달간 연재된 「한국해인가, 동해인가」 시리즈 기고와 맞물려 주목받았다.

　언론은 정부의 동해 표기 운동을 재고해야 한다는 의견을 쏟아 냈고, 당시 동해연구회를 대표한 이기석 교수의 반론[2])에도 불구하고 이 주장은 확산했다. 2005년 2월, 민족정기를 세우는 국회의원 모임은 'SOC (Sea of Corea) 찾기 프로젝트'를 전개하겠다고 선포했고(《연합뉴스》, 2005.

---

2) 이기석, 2004, "우리가 쓰는 '동해'가 더 설득력," 《한국일보》, 2004. 9. 15.

2. 28.), 같은 해 4월 국무총리는 국회의 대정부질문 답변에서 "동해를 '한국해'로 표기하는 방안을 적극 검토하겠다."고 말했다(《한겨레》, 2005. 4. 14.). 상기 국회의원 모임은 한 발 더 나가 "동해의 고유 명칭이 'Sea of Korea'임을 설명"하는 홍보 책자를 제작해 89개국의 주한 외교 공관에 발송했다고 알려졌다(《연합뉴스》, 2006. 1. 22.).

이후에도 Sea of Korea 또는 이에 해당하는 각 언어로 표기된 고지도는 항상 언론의 주목을 받았다. East Sea보다 Sea of Korea가 더 적절하다는 주장이 언론인, 민간 전문가, 정치인, 국회의원, 심지어 정부 관료에 의해 제기되었다. '잃어버린 한국해를 찾아서'라는 제목의 고지도 전시회가 열리고(2011. 8.), '동해 국제 표준 명칭, 이대로 좋은가'를 주제로 하는 학술 토론회가 국회에서 열리기도 했다(2015. 7.). 이 토론회를 후원한 국회의원은 동해의 국제 표기를 'East Sea of Korea'로 하는 것을 내용으로 하는 「대한민국 영해의 국제 표기 명칭 변경을 위한 촉구 결의안」을 발의했으나(2016. 1.), 의원 임기 만료로 폐기된 바 있다.

그러면 Sea of Korea를 주장하는 근거는 무엇인가? 가장 많이 인용되는 것은 서양 고지도에서의 사용이다. 동해 수역에 대해 Sea of Japan 명칭에 앞서 Sea of Korea가 더 많이 사용되었고 19세기 중반 이후 Sea of Japan가 확산되면서 Sea of Korea가 사라졌으므로, 동해 명칭의 원조는 Sea of Korea이고 이를 다시 회복하는 것은 '잃어버린 이름을 찾는 것'이라는 주장이다.

Sea of Korea가 우세했던 것은 사실이다. 앞서 2장에서 정리했듯이 한국해 의미의 표기는 1615년 포르투갈의 고디뉴 데 이레디아가 마카오에서 발간한 아시아 지도에 표기한 Mar Coria가 최초인 것으로 추정된다. 이후 네덜란드 신학자 몬타누스가 1669년 펴낸 일본 관련 책자가 여러 언어로 번역되면서 부록 지도에 표기된 Mer de Corée가 여러 언어로 확산하는 계기가 된 것으로 파악된다. 이에 따라 일본해 의미의 표기가 확산하기 앞서 한국해 의미의 표기가 우세를 점한 것은 사실이고 이는 일본도 인정한다.

그러나 Sea of Korea 표기가 우세를 점했다는 사실이 이 명칭의 정당성을 지지한다고 보기는 어렵다. 가장 중요한 사실은 이 명칭이 서양의 지도 제작자 또는 항해자가 그들의 인식에 따라 사용한 외래지명(exonym)이라는 것이다(이기석, 2004; 주성재, 2005). 외래지명은 명명 대상의 외부에 있는 사람들이 그들의 언어로 붙인 명칭을 말한다. 지형물을 접하고 있는 사람들의 인식이 반영되지 않기 때문에 유엔지명전문가그룹에서는 국제적인 문제를 일으킬 소지가 있는 외래지명의 사용을 자제할 것을 권고한다. 우리 민족은 Sea of Korea에 해당하는 '한국해', '조선해', '고려해' 또는 '신라해'를 한 번도 사용한 적이 없다. 반면에 '동해(東海)'는 오랜 역사

울릉도 독도박물관에는 한국어 명칭에서도 동해보다 조선해가 적절하다는 의미의 현수막이 관련 자료와 함께 전시되어 있었다. 북한은 동해 수역을 부르는 이름이 조선해 또는 조선동해이고, 영어로는 East Sea of Korea로 표기할 것을 주장한다.
ⓒ 주성재, 2005. 5. 3.

가운데 사용되어 온 문화유산을 지닌 토착지명(endonym)이며, 그 자체로서 정당성을 갖는다.

대한제국 말기에 조선해와 대한해가 사용된 사례를 들어 영어 Sea of Korea뿐 아니라 한국어에서도 이 명칭을 사용해야 한다는 주장도 있다. 울릉도에 위치한 독도박물관 운영자는 일본에서 발간한 문서와 지도에 朝鮮海가 표기된 사실을 들어 이 명칭 사용을 주장한다. 그러나 2장에서 정리한 대로 朝鮮海는 일본이 사용했고 게다가 이것이 당시 서양 지도에서 이용된 Sea of Korea를 번역한 것이라면, 조선해는 여전히 우리의 이름은 아니다. 대한해는 사용된 기간이 짧아 어느 정도 통용되었는지 불분명하다.

Sea of Korea 주장의 배경에는 이것이 Sea of Japan에 대응하기 위한 적절한 이름이라는 생각이 있다. 앞서 언급한 2015년 국회 토론회의 주최자가 "일본과의 등가성을 담보하기 위해 한국해가 합리적"이라고 한 주장(《일요신문》, 2015. 7. 7.)이 이를 대변한다. 동해는 방위를 나타내는 명칭이라 적절하지 않고 고유 의미가 포함된 한국해로 바로잡아야 한다는 논리도 더해진다. 언론은 이 논지를 "(한국해가) 한국 영향 아래 있는 영해라는 의미가 명료함"(《매일경제》 사설, 2011. 8. 15.), "동해는 (일본에는 서쪽, 러시아에는 남쪽 바다이므로) 지구상의 한 좌표로 자리 잡기에 미흡함"(《서울신문》 사설, 2011. 8. 15.), "East Sea는 어느 나라의 동쪽 바다인지 우리나라 사람 말고는 누구도 알 수 없는 이름임"(《뉴시스》 기자수첩, 2011. 8. 10.) 등으로 발전시킨다.

방위는 인간이 장소를 인식해 이름을 붙이는 매우 기본적 요소임에 틀림없다. 그러나 지명으로 사용되면서 감정과 정서가 담기면 방위를 뛰어넘어 고유명사로 발전하는 과정이 흔히 나타난다(주성재, 2018). 유럽 대륙의 북쪽에 있는 바다가 영국의 동쪽, 덴마크와 노르웨이의 서쪽에 위치해 있지만 각 언어의 '북쪽 바다'라는 명칭(North Sea, Nordsee, Mer du Nord, Nordsøen, Nordsjøen)으로 장소성을 쌓아온 것이 좋은 사례이다. 동해는 '동쪽 바다'에서 시작했지만, 그 자체로 고유명사가 되었고 우리 민족의 오랜 인연이 담긴 문화유산이 되었다.

Sea of Korea 주장에는 국민 설문조사 결과가 활용되기도 한다. 동해의 영문 표기 Sea of Korea 71%, East Sea 24%(2006년, 민족정기 국회의원 모임), Sea of Korea(East Sea of Korea 포함) 지지율 89%(2015년, 국회 토론회), 동해 수역 대안 명칭으로서 Sea of Korea 67%(2018년 동해연구회 조사)가 주요 결과이다. 국민의 의견은 중요한 고려사항이지만, 한일 양자 간, 그리고 제3국과 국제기구에서 다자간 해결을 추구하는 문제에 있어 이 결과에 참고자료 이상의 의미를 부여하는 것은 적절하지 않다고 본다. 여러 국가에 둘러싸인 바다에 그중 한 국가의 이름을 따서 부르는 것이 부적절하다고 하면서 다른 국가의 이름이 들어간 명칭을 제안하는 것은 받아들여지기 어렵다.

단독 표기와 병기(또는 병용)의 문제

동해 표기 해결방안을 논의하기 위해 매년 개최되는 국제세미나에 초청된 일본 학자와 언론인이 공통적으로 전달하는 일본의 정서는 주목할 만하다. 한국이 지금은 동해와 일본해의 병기를 제안하지만, 이것이 실현되면 다시 동해 단독 표기를 주장할 것이라는 의구심이 그 핵심이다(Kimiya, 2016; Toyoura, 2020). 이 생각을 전달한 두 일본인은 지한파라고 알려져 있음에도 불구하고 스스로도 이러한 일본인의 일반 정서에서 자유롭지 못하다고 밝힌다. 사석에서 만나는 한국어가 유창한 다른 일본인들도 같은 생각을 전한다. 과연 이들의 우려는 사실인가?

1992년 우리 정부가 국제무대에서 본격적으로 동해 표기 문제를 제기하기 시작할 때 정책 목표는 East Sea로 Sea of Japan을 대체하는 것이 아닌, 두 개의 명칭을 병용 또는 병기하는 것이었다. 국제사회의 수용 가능성을 염두에 둔 이 목표는 이후 변함없이 지속되어 왔다. 현재 한국 외교부 홈페이지에는 병기를 추진하는 이유를 ① 일본해가 관행적으로 널리 사용되어 온 현실, ② 병기를 권고하는 국제 결의, ③ 병기의 실현 가능성이라고 제시함으로써, East Sea를 병기하는 것이 목표임을 밝힌다.[3]

두 이름 병기 또는 병용의 제안은 현재 한국 정부뿐 아니라 전문가들도 동의하는 방향이다. 해외 전문가들이 동해 표기를 지지하는 것도 바로 그 병기 제안의 동기에 동의하기 때문이다. 이름을 함께 쓰는 것이 어떤 지명을 폐기하고 다른 지명을 쓰자고 주장하는 위험을 감수하지 않으면서 지명에 담긴 여러 다른 정체성을 존중하고, 따라서 두 이름 사이에 균형을 유지하면서 보편적인 인류의 가치를 실현한다는 점을 강조한다(Choo, 2018).

그러나 두 이름을 함께 쓰자는 제안은 우리 국민의 강력한 지지를 받지 못하는 것이 현실이다. 2018년 일반 국민 1,500명을 대상으로 한 동해 인식조사에 따르면, "동해 단독 표기를 주장해야 한다"가 66.9%로서 "동해와 일본해 병기를 제안해야 한다"의 26.4%를 월등히 앞서는 것으로 나타난다(동해연구회 내부 자료). 이것은 2013년 조사의 75.9%와 13.2%의 차이에서 많이 줄어든 것이긴 하지만, 동해 표기의 방법에 대한 기대 수준은

---

3) http://www.mofa.go.kr/www/wpge/m_3838/contents.do

집단의 성격이나 연령에 상관없이 매우 높다는 것을 보여 준다.

이러한 기대 수준은 예상치 못한 해프닝으로 발전한다. 2011년 8월, 당시 외교통상부(현 외교부) 장관은 정례 브리핑에서 "정부가 동해와 일본해 병기를 추진하고 있지만, 그것은 최후 목적이 아니며 궁극적 목적은 동해의 단일 표기(YTN 뉴스, 2011. 8. 12.)"라고 밝혔다. 당시 미국지명위원회(USBGN)가 동해 수역에 대해 가장 많이 쓰이는 Sea of Japan이 표준 명칭이라고 확인한 보도가 전해지면서 국내 여론이 들끓고 있었다는 분위기를 감안하더라도, 동해 병기의 논리와 전략에 근거해 세계 지도제작사를 설득하고 있던 주체들에게는 충격적인 발표였음에 틀림없다.

현재 동해 병기의 많은 사례는 동해를 괄호에 넣어 아래 줄에 표기함으로써(때로는 작은 글씨로) 부속의 느낌을 주는 것이 현실이다. 병기를 추진한다면 그 형태는 두 이름이 동등한 위상을 갖도록 해야 함이 분명하다. 그러나 '동해'의 정당성을 인정받음으로써 병기의 물꼬를 튼다는 입장에서 그 기대 수준을 잠시 낮추는 유연성도 필요해 보인다. 각 병기의 형태가 갖는 특성은 무엇이고 각각 어느 정도의 위상이라고 해석하고 인정해야 할 것인가, 병기의 혜택은 무엇인가, 이러한 병기에 관한 상세 논의는 8장에서 진행하기로 한다.

다른 대안이 있기 전까지 병기가 한국의 확고한 입장이라는 점을 강조하는 것은 혼동을 없애고 일본의 의구심을 줄이는 방법이 되리라 본다. 일본해 이외의 어떤 이름도 받아들이려 하지 않는 일본의 태도가 견지된다면 아무리 병기 제안이 확고하게 전달되더라도 그 효과를 보기 어려울 수 있다. 단독 표기를 주장해야 타협을 통해 병기의 목표라도 달성할 수 있다는 목소리도 있다. 그러나 위안부 문제의 해결이나 강제징용 배상의 절차에서 학습효과를 얻은 일본에게 투명한 제안을 함으로써 신뢰를 구축하

사단법인 동해연구회는 2010년부터 East Sea와 Sea of Japan의 병기 디자인이 담긴 이동식 저장장치와 머그잔을 기념품으로 배포해 왔다. 유럽에 세 개의 병기 사례가 있는데 동해 수역은 왜 안 되는가, 의문을 제기한 것이 중요한 메시지였다. 해외 전문가들에게 호응을 받았던 이 기념품에 대해, 국내에서는 한국에서 만든 기념품에 왜 Sea of Japan이 들어갔느냐는 비판의 목소리가 들리기도 했다.
ⓒ 동해연구회

는 것은 중요하다고 본다. 병기의 제안을 지속하는 것은 이를 전제로 동해 명칭을 지지해 온 세계 전문가들과의 약속을 지키는 일이기도 하다.

경해, 청해, 극동해, 해결의 바다

도입 부분에 언급했던 제3의 명칭 제안에 대해 좀 더 자세히 살펴보자. 먼저 유엔지명전문가그룹과 국제수로기구가 "하나의 지형물에 대해 다른 명칭이 존재할 때 단일 명칭에 합의할 것"을 권고(이 내용은 5장에서 다룬다)할 때의 '단일 명칭'이 제3의 이름 가능성까지 열어 둔 것으로 본다면, 동해 수역의 명칭에 대해 동해도 일본해도 아닌 제3의 대안을 찾는 것은 국제 규범의 지지를 받는 것으로 해석된다. 1992년 한국 정부의 결정에 "상황에 따라 주변 국가 간 합의를 통한 새로운 명칭 도출 추진을 검토함(유의상, 2020)"이라고 명시했던 것도 주목할 만한 사실이다.

동해에 대한 다른 명칭으로 역사 자료에 등장하는 것은 '고래의 바다'인 '경해(鯨海)'다. 한민족은 오랫동안 동해 바다에 많은 수로 서식했던 고래의 존재를 인식한 이름을 사용했다고 알려져 있다. 이 이름을 독자적으로 사용한 지도나 문서가 발굴되지 않는 것은 아쉬운 일이지만, 『조선왕조실록』에 태조부터 고종까지 14회에 걸쳐 이 이름이 언급된 사실은 이 이름이 엄연히 존재했음을 보여 준다. 그러나 이 명칭의 국제적 사용을 제안한 (영어 Sea of Whales 같은) 기록은 보이지 않는다.

공식 석상에서 최초로 언급된 제3의 명칭은 1989년 김영호 경북대 교수가 일본 니가타대학에서 개최된 일본평화학회 국제심포지엄에서 제안한 '청해(靑海, Blue Sea)'인 것으로 보인다. 일본학자의 보고에 근거한 심정보(2017, 289)의 정리를 종합하면, 그는 일본이 부르는 일본해를 한국에서는 동해라 부르므로 일본과의 역사적 관계를 고려해 평화와 희망을 상징하는 청색에 연관시켜 이 이름을 제창한다고 했다. 몇 년 후 정치지리학자 임덕순(1992)은 색을 이용한 바다 명명의 사례를 고려할 때, 양국 모두에게 국가 상징성이나 민족적 감정에 결부되어 있지 않은 파랗고 맑은 푸른 바다 청해로 불러도 부족함이 없을 것이라 했다(그는 앞선 제안을 몰랐던 것으로 추정된다).

일본인 학자와 시민도 색을 이용한 중립적인 명칭 제안에 동참했다. 한

일본인 교사는 10년 전의 청해 제안을 소환해, 양국을 연결하는 아름다운 바다에 후손들이 친근감과 애착을 갖고 부를 수 있는 이름, 파랗고 아름다운 바다 '청해'를 사용하자고 아사히 신문 기고를 통해 제안했다(인용《프레시안》, 2002. 8. 22.). 니가타대학의 후루마야 타다오 교수는 1999년 바다 이름 국제세미나에서 10년 전 김영호 교수의 청해 제안을 상기하면서, 중국의 칭하이성(青海省)이 있으므로 이를 피하되 그 제안의 정신에 입각해 환경을 표시하는 녹색을 이용한 '綠海(녹해, Green Sea)'가 더 적당하지 않을까 생각한다고 했다(古厩忠夫, 1999).

북미와 유럽 학자의 제안도 있었다. 같은 세미나 제17회 대회(2011)에서 브리검영대학의 피터슨(Mark Peterson) 교수는 'Sea of Harmony(조화의 바다)'를 말했다. 제18회 대회에서 폴 우드만 영국지명위원회(PCGN) 전 사무총장은 국내에서는 동해와 日本海를 각각 사용하고 국제적 맥락에서는 새로운 이름에 합의해 사용할 수 있을 것이라 했고, 하나를 선택한다면 그 의미를 새겨 'Sea of Resolution(해결의 바다 또는 解決海)' 정도로 할 수 있지 않을까 생각한다고 말했다(Woodman, 2012). 그는 이러한 방법을 맥락적 명명(contextual naming)이라 칭했다.

동해 수역에 대해 제안된 제3의 명칭에는 이밖에도 'Orient Sea'(한상복, 1992), 'NEAR Sea (Northeast Asian Region Sea의 약칭)'(櫛谷圭司, 1999), 그리고 최초 제안자 미상인 'Far East Sea'가 있다.

이들 제3의 명칭 제안은 동해와 日本海가 모두 존재하고 명칭 사용에 갈등을 일으키는 상황에서 어떤 형태로든 문제 해결의 방법을 찾아보자는 동기에서 시작했다는 공통점을 갖는다. 따라서 명칭 자체보다는 가능성이 있는 대안을 놓고 논의를 시작해 보자는 해결의 정신이 핵심이다. 2011년 세미나에 참석했던 미국의 언어학자이자 지명학자인 스미스

폴 우드만 영국지명위원회 전 사무총장이 제안한 맥락적 명명(contextual naming)의 모식도. 그는 각국 국내에서는 기존의 동해와 日本海를 사용하고 국제적 맥락에서는 새로운 이름에 합의하여 사용하자는 의견을 제시했다. 이러한 목적의 새로운 이름으로 그가 제안한 것은 Sea of Resolution이다. 이 해법의 결과 모든 사용자는 미소를 짓고 있다.

출처: Woodman(2012), 제18회 바다 이름 국제세미나 발표 자료.

(Grant Smith)는 이후 필자와의 이메일에서 제3의 명칭을 찾고자 한다면 시인이나 작사가에게 이 바다로 연상되는 단어 20개씩을 각각 제안하도록 하고 그중에서 가장 많이 겹치는 것을 선택할 수 있을 것이라는 아이디어를 전하기도 했다.

서로 상대 명칭에 거부감을 갖는 상황에서 중립적인 제3의 명칭 가능성을 열어 두는 것은 논의를 시작하기 위한 하나의 대안이 될 수 있으리라 본다. 현재 국제수로기구에서 세계 모든 바다에 대해 명칭 대신 숫자로 된 식별자를 부여하는 작업이 진행되고 있으므로(5장 참조), 언젠가는 이를 계기로 한국 정부가 처음 수립했던 방침대로 제3의 명칭을 고려할 날이 올 수도 있을 것이다.

그러나 제3의 명칭이 논의되기 위해서는 한국과 일본 모두 준비가 필요하다. 우선 양국 내부의 합의가 선행되어야 할 것이다. 2007년 1월 평화의 바다 해프닝 때 제기되었던 비판 여론은 좋은 참고자료가 된다. 제3의 명칭은 "동해 명칭의 역사적 정통성을 훼손한다", "동해 명칭의 정통성에 문제가 있다는 국제사회의 오해를 받을 수 있다", "동해 표기의 타당성이 인정되는 상태에서 이를 되돌이키고 그동안의 노력을 무력화시킬 위험성이 있다" 등이 그것이다. 기본적으로 제3의 명칭에 대한 국민 정서와 공감대를 형성해 나갈 필요가 있다. 마찬가지로 일본도 일본해 단독 표기 이외에 어떤 대안도 용납하지 않으려는 현 상황을 어떻게 깨뜨릴 수 있는지가 논의 시작의 중요한 관건이 될 것이다.

Donghae의 유효성

대안적 명칭과 표기 방법을 다룬 이 장을 동해의 로마자 표기인 'Donghae'의 유효성 또는 가능성을 논의함으로써 마치고자 한다. '동해'는 한민족이 이천 년 이상 불러온 토착지명(endonym)이다. 한민족의 바다에 그들의 언어로 붙이고 사용한 이름이라는 뜻이다. 동해를 다른 언어로 전환한 것, 예를 들어 로마자로 Donghae, 키릴 문자로 Донхэ, 타이 문자로 ทงแฮ로 전환한 것 모두 토착지명이다.

앞서 언급했듯이 초기 한국 정부가 동해의 국제 표기를 결정하는 데 이 토착지명도 후보에 있었다(당시 로마자 표기법에 따라 Tong Hae). 역사성을 가진 토착지명을 존중하는 유엔지명전문가그룹의 추세에 따르면, 동해를 로마자로 옮긴 Donghae가 번역한 East Sea, Ostmeer, Mer de l'Est보다 더 큰 정당성을 부여받는 것으로 보인다. 그러나 국제사회에서 번역된 형태의 명칭 사용 필요성에 대해서는 한자어 지명의 특수성으로 설명을 시도한 바 있다(Choo, 2009; Choo, 2010). 어원과 뜻을 공유하는 로마자 언어의 지명과는 완전히 다른 문자 체계에 기반한 형성 과정을 가

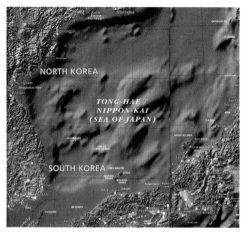

토착지명을 중시하는 지도제작사의 전통에 따라 동해와 일본해의 로마자 표기를 사용하는 지도는 간혹 발견된다. 위 두 도면 모두 Tong Hae와 Nippon Kai로 쓰고 있다(위 도면은 하이픈 사용). 동해의 영어 표기 East Sea가 표시되지 않은 것은 아쉬운 일이다. 아래 도면은 대한민국, 북한, 일본의 국가명도 토착지명으로 표기하고 있다.

출처: Warwick Publishing, 1997, *The Cartographic Satellite Atlas of the World*, Canada(위)
　　Studio F.M.B. Bologna, 2005, *World Cart: Giappone Corea*(아래).

진 한자어권의 지명에 대해 그 의미와 인식을 전달하기 위해 번역된 형태가 필요하다는 것이다.

동해 명칭 확산 활동 30년이 되어 가는 시점에서 토착지명으로서

Donghae, 그리고 대응되는 명칭으로 Nihonkai(또는 Nippon Kai)의 사용을 검토하는 것은 늦은 감이 있지만 한 번쯤은 일본과 논의할 수 있는 대안이라고 본다. 한국이 Japan을 인정하기 어려운 것처럼 일본이 서쪽 바다를 East Sea로 받아들이기 어려운 상황에서 토착지명을 사용하는 것, 즉 이 두 명칭을 병기하는 것은 이러한 부정적 인식을 불식시키고 두 나라가 함께 수용할 수 있는 방법이 될 수 있을 것이다.

이러한 모든 논의는 동해 표기 문제를 해결하는 데 가능한 모든 방안을 꺼내 놓은 것이다. 한국의 정부나 전문가가 "East Sea와 Sea of Japan의 병기"를 확고한 입장으로 견지하고 있는 것은 현재로서 변함없는 사실이다.

제2부

세계의 반응과 변화

5장. 국제기구가 동해 표기 문제를 해결할 수 있는가

극적인 전환점, 2020년 11월 16일

2020년 11월 16일은 동해 명칭 확산 활동에 있어 극적인 전환의 순간으로 기록될 만하다. 국제수로기구(IHO)가 1929년부터 Japan Sea를 수록하고 있던 문서(S-23)를 대체하는 디지털 형식의 새로운 문서를 도입하기로 결정했기 때문이다. 한국 정부가 이 국제기구에 공식적으로 문제를 제기했던 1994년 이후 26년 만이다. Japan Sea가 수록된 문서는 이제 "아날로그에서 디지털로 가는 진화 과정을 보여 주기 위한 출판물"로 남겨지게 된다.

일본의 해석은 달랐다. 일본의 관방장관과 외무대신은 각각 "일본해 단독 표기를 유지하는 제안을 승인했다", "일본 주장이 제대로 통했다"고 코멘트했다. 제안서의 "S-23을 공개적으로 이용 가능하도록 보관한다"라는 문구에만 집중했던 것이다.[1] 일본 해석의 수용 여부는 세계 각처에 존재하는 지도와 지명의 수요자인 시장이 판별할 것이다(주성재, 2020).

2020년 11월 16일, 바다 이름 대신에 숫자로 된 식별자를 사용하는 새로운 문서를 도입하기로 결정한 IHO 총회 첫째 날이 끝난 후 화상 회의장에 모여 있던 외교부, 해양수산부, 국립해양조사원, 국방부, 동북아역사재단, 동해연구회 등 관련 기관 대표가 단체 사진을 찍었다. 한국 시간으로는 11월 17일, 자정이 지난 시점이었다.
ⓒ 외교부

'해양과 바다의 경계 표준화 사업의 현대화'라 이름 붙인 이 변화의 핵심은 세계 각 수역에 명칭이 아닌 '숫자로 된 고유한 식별자 체계(a system of unique numerical identifiers)'를 부여한 데이터 세트를 개발한다는 것이다. 이제 동해 수역에는 Japan Sea도 East Sea도 아닌 숫자 체계가 부여된다. 한국으로서는 IHO 문서에 East Sea를 넣지는 못했지만, Japan Sea를 내린 성과로 평가해도 좋을 듯하다. 동해/일본해 명칭을 확고한 분쟁지명으로 만든 것을 뛰어넘어, 일본해 단독 표기가 근거를 잃는 가시적인 결과를 만들어 낸 것이다. 한국은 이 결정을 각국의 정부와 지도제작사를 상대로 하는 동해 병기 설득의 수단으로 활용할 것이다.

---

1) 앞 단락에서 언급한 부분과 함께 제안서에 기술된 원문은 다음과 같다. "S-23 is kept publicly available as part of existing IHO publications to demonstrate the evolutionary process from the analogue to the digital provision of limits of oceans and seas." 일본은

이 결과를 보면, "국제기구가 동해 표기 문제를 해결할 수 있는가?"라는 질문에 어느 정도는 긍정적인 대답을 할 수 있을 것 같다. IHO의 변화는 문제의 완전한 해결까지는 아니더라도, 문제를 인식하고 간접적으로나마 해법을 찾아보려는 노력으로 인정해 주어야 할 것으로 보인다. 정부 간 협의체인 국제기구는 본질적인 한계, 즉 논의의 효력이나 참여국의 합의, 집행의 강제성과 같은 문제를 갖고 있지만, 아무것도 되어 있지 않는 상황에서 물꼬를 트는 데에는 적절한 장소가 될 수 있다. 동해 명칭의 확산은 바로 이러한 국제기구에서 시작했다.

문제 제기의 첫 장소, 유엔

1장에서 매우 조직적으로 접근했던 것처럼 서술한 1992년 유엔에서의 동해 명칭 문제 제기는 사실은 무에서 유를 만들어 가는 과정의 시작이었다. 당시 유엔지명표준화 총회(UNCSGN)에 한국 정부 대표로 참석했던 이기석 서울대 명예교수(제2대 동해연구회 회장)는 어떤 맥락에서 어떻게 발언해야 할지 막막한 상태에서 쉬는 시간 만난 의장으로부터 발언 기회를 주겠다는 약속을 받았다고 전한다. 다행히 약속은 지켜졌고, 한국 대표의 발언에 이어 북한 대표가 지지 발언을 하고 이후 일본이 반론을 제기함으로써 이 이슈를 처음 들은 각국의 지명 전문가들에게 강한 인상을 남겼다. Sea of Japan으로만 알고 있던 바다에 동해 또는 East Sea라는 이름이 있다는 사실이 강력하게 전달된 것이다. 회의록에는 "관련 당사자 간에 협의할 것이 제안되었다"는 내용이 적혔다.

앞의 다섯 단어에만 집중해서 해석했다.

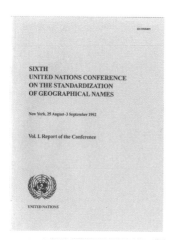

SIXTH
UNITED NATIONS CONFERENCE
ON THE STANDARDIZATION
OF GEOGRAPHICAL NAMES

New York, 25 August–3 September 1992

Vol. I. Report of the Conference

UNITED NATIONS

동해 명칭에 대한 문제가 처음으로 기록된 제6차 유
엔지명표준화 총회(1992) 회의록. 한국, 북한, 일본
의 발언 내용과 함께 "관련 당사자 간에 협의할 것이
제안되었다"는 기록(마지막 문장)이 남았다.
출처: 유엔지명전문가그룹(UNGEGN)

Features common to two or more nations (item 10 (b))

151. The representative of the Republic of Korea made a statement concerning the history of the naming of the sea to the east of his country. It was known in Korea as Tong-Hae (East Sea), but was often referred to by others as the Sea of Japan. He requested that a name or names acceptable to the parties concerned be determined through consultation, in accordance with relevant resolutions of the Conferences. The representative of the Democratic People's Republic of Korea expressed his country's willingness to consult and negotiate on this matter with other parties concerned. The representative of Japan said that the name "Sea of Japan" had already been accepted world wide and that the introduction of other names would cause confusion and would not be in line with the aim of standardization. It was suggested that the relevant parties consult each other.

이후 유엔지명회의[2]는 동해 수역의 표기를 둘러싼 한국, 북한, 일본의 각축장이 되었다. 5년마다 열린 유엔지명표준화 총회(1998, 2002, 2007, 2012, 2017)의 '단일 주권을 초월한 지리적 실체(Features beyond a single sovereignty)' 의제가 주요한 논쟁의 장이었다. 한국은 동해 수역이 여러 나라가 공유하고 있는 바다, 즉 단일 주권을 초월한 곳이기 때문에 관련 결의문에 따라(다음 절에서 다룸) 당사국 간에 합의해야 할 것이고 합

---

2) 유엔지명표준화 총회(UNCSGN)와 유엔지명전문가그룹(UNGEGN)을 통칭하는 말로 사용한다. 2018년 이후 이 두 기구는 새로운 형태의 유엔지명전문가그룹(UNGEGN)으로 통합되었다.

의 전까지는 두 이름을 함께 써야 할 것이라 주장했다. 일본은 이 수역이 주권이 미치지 않는 공해이므로 이 권고가 적용되지 않고 국제적으로 표준화된 Sea of Japan 단독 표기에서 변화해야 할 이유가 없다는 반론을 반복했다.

유엔지명표준화 총회 사이에 열리는 유엔지명전문가그룹(UNGEGN) 총회에는 상기 의제가 설정되어 있지 않기 때문에 다른 의제가 활용되었다. 한국과 일본이 속한 그룹(동아시아 디비전)의 활동 보고, 결의 이행, IHO 활동 보고, 지명 표기 지침서 등의 의제였다. 동해 표기 논쟁은 2009년을 제외하고 어김없이 테이블에 올라왔다(1994, 1996, 2000, 2004, 2006, 2011, 2014, 2016년).

2014년부터는 일본의 새로운 반응이 주목을 끌었다. 동해를 직접 언급하지 않은 한국 보고서에 대하여 일본이 먼저 East Sea는 부적절하며 Sea of Japan만이 유일한 합법적인 명칭임을 주장하고 나온 것이다. 동해연구회가 주관하는 바다 이름 국제세미나에 관한 보고서(2017년부터는 발표하지 않고 정보 제공을 위한 목적으로 제출함)나 East Sea가 도면에 표시된 해양지명 보고서 등이 타깃이었다. 표준화 총회와 전문가그룹이 통합되어 처음으로 열린 2019년 유엔지명전문가그룹 제1차 총회에서는 한국이 제출한 「단일 주권을 초월한 지리적 실체」 의제 발전 방향을 제안한 기술적 보고서에 일본이 강력히 반발함으로써 더 이상 논의가 진전되지 않는 일도 있었다. 방어적 태도를 견지했던 이전과 확연히 다른 행태는 한국 대표뿐 아니라 다른 나라의 전문가들에게도 의외의 상황으로 인식되었다.

문제 해결을 위한 유엔지명회의의 역할

유엔지명회의는 세계 각국의 정확한 지명을 공유하게 함으로써 유엔의 활동을 지원하기 위한 목적으로 설립되었다. 원칙적으로 개별 지명을 다루지 않으며, 지명을 공식화하는 과정(이를 표준화라 함)에 적용되는 원칙과 모범 사례를 국가 간에 공유하는 것을 중요한 가치로 삼는다. 따라서 이 기구에서 동해 표기 문제를 제기하는 것이 적절하지 않다고 보는 시각도 있다. 그러나 원칙은 각 사례에 기반하기 때문에 이를 분리하기는 어렵다고 볼 때, 이 문제는 지명 논의를 풍성하게 하는 소재가 될 수 있었다. 동해 수역을 사례로 공해의 명칭에 대해 토착지명(endonym)도 외래지명(exonym)도 아닌 새로운 용어가 필요하지 않은지의 문제를 제기한 이스라엘 대표 캐드먼 교수의 발표(2007),[3] 동해와 니혼카이가 수역에 따라 달리 갖는 토착지명과 외래지명의 위상 문제를 논의한 오스트리아 대표 요르단 교수의 발표(2011)[4]가 대표적이다.

지명이 갖는 정치적 속성의 본질 때문에 국가 간 분쟁지명이 논의되는 것은 당연하다는 시각도 있다. 특히 강대국의 영향으로 지명 사용에 예기치 않은 변화를 겪은 국가, 우리와 같이 식민 지배를 겪은 나라에서 자국의 지명을 지키려는 노력은 매우 확연하게 나타난다. 실제로 사이프러스 지명을 둘러싼 터키와 그리스의 분쟁, 러시아와 과거 소비에트 연방 국가 간 지명 분쟁, 그리고 이제는 해결되었지만 마케도니아 명칭을 둘러싼 그

---

3) Naftali Kadmon, 2007, "Endonym or exonym – is there a missing term in maritime names?" 제9차 유엔지명표준화 총회(UNCSGN) 제출 보고서.
4) Peter Jordan, 2011, "Is 'exonym' and appropriate term for names of features beyond any sovereignty?" 제26차 유엔지명전문가그룹(UNGEGN) 총회 제출 보고서.

리스와 북마케도니아공화국 간의 갈등(1장 참조)은 유엔지명회의를 긴장시키는 단골 메뉴였다. 평화 유지와 국제 협력이 유엔의 존립 목적이라는 점을 상기하면, 지명 분쟁을 논의하고 해결 방안을 찾아보는 것은 매우 자연스러운 과정이라 볼 수도 있다.

그러면 유엔이 동해 표기 문제의 해결에 기여한 바는 무엇이고 앞으로 어떤 것을 기대할 수 있을 것인가? 가장 큰 기여는 동해 명칭 문제를 각국의 지명 전문가들에게 명확히 알리고 그들의 전문가적 관심을 유발하는 장소를 제공했다는 점이라 하겠다. 이제 이 문제는 국가 간 분쟁지명의 대표적 사례로서, 해결을 위한 합리적인 방안을 찾아야 할 주제로 확실하게 자리매김했다. 이 회의에 참여한 전문가들은 세미나, 워크숍 또는 각종 토론 포럼에 중요한 초청 대상이 되었다. 이들은 동해 명칭을 확산하기 위한

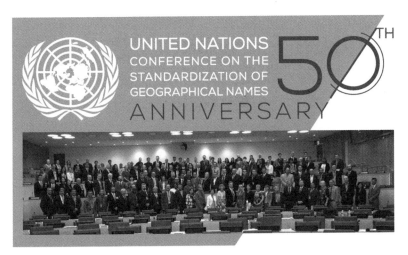

2017년 창립 50주년을 맞은 유엔지명표준화 총회(UNCSGN)는 비용 절감과 운용 효율성 제고를 위해 2018년 유엔지명전문가그룹(UNGEGN) 총회와 통합되었다. UNGEGN 브랜드로 통합된 새로운 체제의 회의는 2년마다 개최하는 것으로 하여 제1차 총회를 2019년 4~5월, 뉴욕의 유엔 본부에서, 제2차 총회를 2021년 5월, 온라인으로 개최하였다. 위 이미지는 UNCSGN 50주년 총회에서 찍은 단체 사진으로 만든 기념엽서다.
ⓒ UNGEGN

유용한 조언과 함께 실행 가능한 해결 방법을 고민하는 일에 동참했다.

앞으로 유엔지명전문가그룹에 기대할 것도 그동안의 성과와 맥락을 같이 해야 할 것으로 보인다. 즉, 지명 표준화 논의와 성과 공유에 기여하며 전문가 네트워킹을 심화시켜 각국에 동해 표기를 확산시키는 기반으로 삼는 것이다. 참가자의 전문적 관심을 유발할 수 있는 기술적 논의를 발전시키고 이를 통해 간접적으로 동해 표기의 타당성을 전달하는 것은 매우 의미 있는 진전이라 평가된다. 현재 참여하고 있는 집행부 활동(필자가 UNGEGN 부의장과 평가실행 워킹그룹 의장 수행)이나 결의문 데이터베이스의 유엔 4개 언어 제공(국토지리정보원의 영어, 프랑스어, 스페인어, 아랍어 데이터베이스)은 지속해야 할 한국의 기여다.

이러한 방향은 이미 많이 알려진 분쟁의 본질을 직접적으로 반복함으로써 야기될 수 있는 피로 현상을 최소화하고 동해를 확산하는 효율적인 방법이 되리라 본다. 각국의 성과가 쌓이면, 현재 가장 많이 불리는 명칭을 채택한다는 유엔의 표기 원칙에 의해 언젠가는 East Sea가 사용되는 날이 올 것이라 믿는다.[5] 유엔은 여전히 중요한 동해 명칭 확산의 플랫폼이다 (주성재, 2021a).

---

[5] 유엔은 공식 문서에서 Sea of Japan을 사용하는 이유에 대한 한국 정부의 공식 질의에 대하여, 유엔 법률국 부국장의 서한을 통해 Sea of Japan은 유엔이 공인한 명칭이 아니며 현재 이 수역에 대해 가장 많이 사용되는 것을 채택하는 유엔 사무국의 관행에 의한 것이라고 답변한 바 있다. 이에 덧붙여 "이 용어가 다른 회원국이 따라야 하는 '표준 지명'이라 주장하는 근거가 될 수 없다"는 점을 분명히 밝혔다. 출처: 외교부 내부 자료, 대한민국 유엔 대표부 문의에 대한 유엔 법률국의 공식 서한(2009. 9. 15.).

수로, 해양 업무 표준화의 대상으로서 바다 이름

국제수로기구(IHO)는 수로와 해양 업무의 국제 표준화와 국가 간 기술 협력을 목적으로 1921년에 설립된 기술 분야의 국제기구다. 2021년 1월 기준으로 94개 회원국을 보유하고 있으며, 2017년 이전에는 5년마다 정기총회, 그 사이에 특별총회를 개최하다가 의회(Assembly) 체제로 개편한 2017년부터는 3년마다 총회를 개최한다. 한국은 뒤늦게 1957년에 가입했지만, 선복량 기준으로 현재 최상위 그룹에 속해 있다.

　IHO가 동해 명칭과 만나는 접점은 그 발간물 『해양과 바다의 경계(Limits of Oceans and Seas』(발간번호 S-23)이다. IHO 사무국 서고에 보관된 문서 조사에 의하면,[6] 전 세계 바다의 경계와 명칭을 표준화하는 일은 IHO의 정식 설립 이전 열린 1919년 임시총회 때부터 중요한 관심사였다. 책자 발간에 관한 결의가 채택되고 1922년 집중적인 작업이 이루어져 1923년에 초안을 완성했다. 동해 수역에 대해서는 경계에 대한 논의 기록만 있는 것을 보면, Japan Sea(Mer du Japon)가 아무 제약 없이 채택된 것으로 보인다. 이후 경계와 명칭에 대한 일부 국가의 수정 제안을 수렴하는 과정에서 시간이 소요되었고 1928년 완성된 초판이 1929년 총회에서 통과되었다.

　이후 이 책자는 1937년과 1953년에 제2판과 제3판이 발간된다. 수역이 분리되고 경계와 명칭이 조정되는 과정이 진행되었다. 수역은 58개에서 66개로, 다시 102개로 증가했다. 그러나 여전히 남아 있는 수많은 경계 오류와 새로운 수역의 인식과 명칭 제안은 근본적인 개정을 요구했고, 1977

---

6) 2010년 8월, 국립해양조사원의 의뢰로 4일간 시행함.

년 제11차 총회의 결정에 따라 워킹그룹이 구성되어 작업이 이루어졌다. 1986년 제4판이라 이름한 개정판 초안이 완성되어 129개 수역에 경계와 명칭을 부여했지만, 이 문서는 투표 37개국 중 9개국의 반대로 승인되지 못했다.

한국 정부의 동해 수역 명칭 문제 제기는 이때, 즉 1986년 개정 시도가 무산된 이후 IHO가 새로운 방향을 모색하던 시기에 이루어졌다. 초기부터 정부 활동을 자문했던 이기석 교수에 의하면, IHO 주관 부서인 국립해양조사원(당시에는 교통부 수로국)이 IHO 사무국에 일본해 단독 표기의 시정을 처음으로 요구한 것은 1994년이다(이기석, 2004). 1992년 8월 유엔에서의 성공적 문제 제기를, 바다 이름과 직접 관련된 국제기구로 이어가려는 시도였다고 해석된다. 이후 전 회원국이 모인 1997년 제15차 총회에서 1974년 채택된 지명 표준 결의에 따라(다음 절에서 상술함) East Sea를 포함할 것을 공식적으로 요청했다. S-23 개정에 중요한 이슈가 추가되어 새로운 국면으로 발전하게 된 것이다.

총회 이후 전문 컨설턴트에게 맡겨진 5년간의 S-23 개정 작업에서는 동해 수역 표기에 대한 여러 대안이 제시되었던 것으로 보인다. 2000년이라 적힌 내부 초안에는 'Japan/East Sea'라 표기하고 주석으로 "IHO 결의 A4.2.6을 준수하여 이 수역에 두 개의 이름을 표시함[7]"이라고 설명한 흔적도 있어 한국의 병기 제안이 수용되는 듯하기도 했다. 총회를 앞두고 2001년 11월 회원국에 회람된 초안에는 '합의되어야 할 이름(Name to be agreed)'이라고 적혔다. IHO가 Japan Sea 단독 표기의 문제를 인식하여 기록에 남긴 첫 장면이었다.

---

7) 손글씨로 "Adhering to IHO Resolution A4.2.6 two names for this area have been shown"이라 쓰였다.

2002년 4월 제16차 총회에서는 이 초안을 놓고 5년 전 있었던 공방을 이어 갔다. 한국은 IHO 기술 결의에 의해 두 이름을 모두 사용할 것을 주장했고, 일본은 일본해가 이미 정착된 이름이므로 기술 이슈를 다루는 IHO에서 이 문제를 논의하지 말 것을 주문했다. 총회 이후 회원국의 승인을 위해 회람된 S-23 제4판 최종안에는 동해 수역의 도면과 경계 서술을 위한 두 쪽이 빈 상태로 남겨졌다. 그러나 이 회람안은 한 달여 지난 시점에 철회되고 승인을 위한 투표는 중단되었다.[8] 개정판 발간은 다시 미궁에 빠졌다.

치열한 공방과 해결의 실마리

이후 2002년부터 10여 년간 동해 표기는 성과 없는 공방을 이어 간다. 합의되지 않은 수역의 추후 별도 발간 제안, 모든 명칭을 담은 표 삽입 제안, 부록에 두 번째 명칭 언급 제안 등 총회와 워킹그룹 회의에서 다양한 해결의 대안이 제시되었지만, 당사국을 모두 만족시키는 것은 없었다. 그 내용은 IHO에서 동해 수역 논의 역사를 정리한 [표 5-1]에서 확인된다.[9]

방향을 잃고 있던 S-23의 운명에 변화를 일으킨 것은 2014년 특별총회를 앞두고 북한이 제출한 제안서였다. 북한은 S-23 문제의 새로운 방향을 찾기 위해 적절한 논의의 장을 구성하자고 제안했다. 일본은 논의 자체를 반대했지만, 한국은 S-23 관련 논의를 이어 가는 것이 필요하며, 그동

---

8) IHO는 2020년 숫자 표기 제안서에서 이 결정이 "이 두 쪽의 누락에 대해 각국의 수로국과 대사관으로부터 문의가 빗발치고 있어 IHO의 기술적 목적을 넘어서는 문제라 판단"한 결과였다고 밝힌다. 이 결정은 2002년 9월 1일 임기를 시작한 새 집행부가 내렸다.
9) 이에 대한 자세한 내용은 주성재(2021b)를 참조할 것.

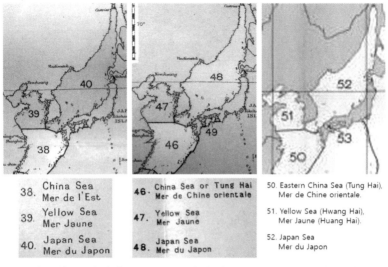

38.	China Sea Mer de l'Est	46.	China Sea or Tung Hai Mer de Chine orientale	50.	Eastern China Sea (Tung Hai), Mer de Chine orientale.
39.	Yellow Sea Mer Jaune	47.	Yellow Sea Mer Jaune	51.	Yellow Sea (Hwang Hai), Mer Jaune (Huang Hai).
40.	Japan Sea Mer du Japon	48.	Japan Sea Mer du Japon	52.	Japan Sea Mer du Japon

1929년 초판(1923년 제작)	1937년 제2판	1953년 제3판

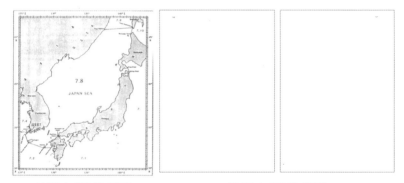

1986년 개정판(미발간)	2002년 개정판(미발간)

국제수로기구 발간 『해양과 바다의 경계』에 나타난 동해 수역의 표기(초판~제3판은 세계 지도에서 동해 수역과 범례를 자른 것임). 동해 수역의 번호는 40(1929), 48(1937), 52(1953)로 바뀌었으나 일관되게 Japan Sea(Mer du Japon)로 표기되어 있다. 1986년 개정판에서 동해 수역은 7.8의 번호를 부여받았고 윗부분은 7.9.Gulf of Tartary라는 이름으로 분리되었다. 이 번호는 2002년 개정판에 7.6과 7.6.1로 바뀌었으나, 7.6은 합의에 이르지 못해 백지로 남겨졌다. 동중국해에 대해 1929년 판에 동해라는 뜻의 프랑스어 Mer de l'Est, 1937년과 1953년 판에 東海의 중국식 로마자 Tung Hai가 병기된 것이 특이하다. 이 책자 발간 초기에 '동해'라는 뜻의 이름을 동중국해에 정착시키려는 시도가 있지 않았나 추측하게 하는 대목이다.

출처: IHO.

안의 실패에 비추어 논의를 위한 적절한 메커니즘이 있어야 함을 주장했다. 총회 의장은 이 문제에 대한 회원국의 제안이 있을 경우 차기 정기총

[표 5-1] 국제수로기구에서 동해 수역 표기 논의의 역사

시기	내용	의미/결과
1994년	• 국제수로 사무국에 일본해 표기에 대한 시정을 요구함	IHO에 최초 문제 제기
1997년 4월 제15차 IHO 총회	• 지명 표준 결의에 따라 East Sea를 포함할 것을 공식 요청함	IHO 총회 석상에서 최초 문제 제기
2001년 11월	• S-23 제4판 초안에 '합의되어야 할 이름(Name to be agreed)'이라는 표시로 회람됨	IHO가 공식적으로 최초 문제 인식
2002년 4월 제16차 IHO 총회	• 한국은 기술결의에 의해 East Sea를 함께 쓸 것을, 일본은 기술 이슈가 아니므로 논의 말 것을 주장함	
2002년 8월~9월	• S-23 제4판 최종안 회람(동해 수역은 백지) • 1개월 여 후 회람 철회, 투표 중단	
2007년 5월 제17차 IHO 총회	• 의장이 명칭과 경계 합의된 수역으로 1권 발간, 합의되지 않은 수역은 합의 후 2권 발간하자고 제안함	한국은 동의, 일본은 비동의
2009년 6월~ 2012년 2월	• S-23 개정판 발간을 위한 워킹그룹 활동 진행 • 프랑스는 동해 수역의 모든 이름을 참고표로 삽입하자고 제안. 이후 철회함 • 호주는 두 번째 명칭의 내용을 각주 또는 이어진 쪽에 언급하자고 제안함	표기 제안이 충분히 논의되지 못함
2012년 3월	• IHO 집행부가 East Sea 내용을 각주에 삽입하자고 제안함	일본은 동의, 한국은 비동의
2012년 4월 제18차 IHO 총회	• 미국이 장(chapter)별 발간을 제안(합의되지 않은 장은 1953년 판 유효). 이후 철회함 • 일본이 미국이 철회한 안을 다시 제안, 전체 투표로 논의하지 않을 것을 결정함	
2014년 10월 제5차 특별총회	• 북한이 S-23 논의를 위한 장을 구성하자고 제안함 • 한국은 논의를 잇는 것에 찬성, 적절한 메커니즘을 제안함	차기 총회에서 회원국 제안 있을 경우 논의할 것이라 결정
2017년 4월 제1차 총회	• 북한이 S-23 논의를 위한 워킹그룹 구성 제안 • 한국은 비공식 협의의 틀 만들 것을 제안 • 일본은 운영 방식 합의 후 참여하겠다는 의사 밝힘	한국, 북한, 일본, 미국, 영국 참여 비공식 협의 진행
2020년 11월 제2차 총회	• 숫자로 된 고유 식별자 체계 도입에 대한 사무총장 제안이 채택됨	

회에서 논의될 수 있을 것이라고 매듭지었다. 죽어 가던 논의의 불씨가 다시 살아나는 순간이었다.

2017년 4월, IHO는 의회 체제로 개편 후 첫 총회를 개최한다. 앞선 특별 총회의 결정에 주목하여 북한과 한국이 제안서를 제출했다. 북한은 S-23의 발간을 3개년 업무 프로그램에 포함시키고 논의를 위한 워킹그룹을 다시 구성하자고 했다. 한국은 사무총장이 S-23의 미래를 논의하기 위해 회원국 간에 비공식 협의(informal consultation)의 틀을 만들어 의견을 수렴하고 그 결과를 다음 총회에 보고할 것을 제안했다. 일본은 운영 방식이 분명하게 합의된다면 참여하겠다는 의사를 밝혔다. 모처럼 원만한 합의가 이루어지는 성과였다.

총회 결정에 따라 사무총장은 당사국인 한국, 북한, 일본과 옵서버인 미국, 영국이 참여하는 비공식 협의를 주재했다. 그러나 당초 기대와는 달리 각국의 주장은 다시 평행을 이루어 결론을 내지 못하고 답보했다. 향후 방향을 제시하라는 사무총장의 요구에 뚜렷한 응답이 없자 그가 제안한 것이 바로 도입 부분에 소개한 S-23의 현대화 방안으로서 고유 식별자 체계의 도입이다. 이 제안은 2020년 11월 제2차 총회에서 무난히 채택되었다.

IHO에서 동해 수역 표기 문제 해결을 위해 진행된 과정을 통틀어 보면, 2020년 이루어진 변화는 오랜 시간 각고의 노력 끝에 이루어진 성과라는 사실을 알 수 있다. 1994년을 최초의 문제 제기로 볼 때 26년간 쌓아 온 합리적인 설득의 결과다. 핵심은 한쪽만의 시각과 입장을 고려하지 않고 참여 국가 모두에게 혜택이 돌아가게 하는 균형 잡힌 해법이었다. 이제 해양과 바다의 경계는 명칭에 대한 분쟁을 해결해야 할 부담 없이 고유 식별자에 의해 디지털 형식으로 규정되어 이를 기다려 왔던 국가에게 제공될 것이다.

국제수로기구는 1921년 설립 이래 사무국 건물과 총회 회의장에 대한 모나코 정부의 지원을 받고 있다. 위 사진은 고급 요트가 드리워진 수변에 자리한 사무국 건물을 보여 준다. 한국의 국립해양조사원은 2012년과 2017년 총회와 함께 열린 기술 전시회에서 연달아 최우수상을 수상했다. 아래 사진은 2012년 수상한 상패의 모습이다.
ⓒ 주성재, 2007. 3. 13.; 2012. 4. 27.

국제기구에서 필요한 것을 얻기 위해서는 그 운영에 기여하려는 자세가 필요하다. S-130이라는 번호를 잠정 부여받은 새로운 디지털 문서를 작성해 가는 과정 역시 마찬가지다. 어느 정도 스케일의 바다에 어떤 숫자의 조합으로 식별자를 부여할 것인지, 어느 정도의 가변성을 가진 디지털 문서로 관리할 것인지, 항해자는 어떤 시각적 표현으로 안내를 받을 것인지 등, 이제 막 시작한 이 시스템의 개발과정에서 기술력을 지원하고 기여할 수 있는 부분을 확대해 나간다면 다른 국제기구에서와 마찬가지로 동해 명칭 확산의 영역을 확보할 수 있으리라 본다.

단일 주권을 초월한 지형물의 명칭에 관한 규범은 어느 정도 유효한가

유엔지명회의와 국제수로기구에 동해 명칭 문제를 제기하기 시작할 때부터 한국 정부가 각 기구의 규범으로서 결의문을 인용한 것은 매우 적절했다. 공통된 내용을 가진 UNCSGN 결의 II/25(1972)와 III/20(1977), IHO 기술 결의 A4.2.6(1974)가 그것이다.

이 두 기구는 서로 영향을 미치며 공동의 규범을 발전시킨 것으로 보인다. 시작은 1972년 4월, IHO가 지명 표준화의 중요성을 인식하고 UN-GEGN과 협력할 것을 명시한 기술 결의 A4.2를 채택한 것이었다. 이어 5월에 열린 제2차 UNCSGN은 UNGEGN이 관련 국제기구와 협력하여 단일 주권을 초월한 지형물의 이름 제정을 위한 규칙과 절차를 제시할 것을 권고한 결의 II/24와 그 구체적인 내용을 규정한 II/25 '단일 주권을 초월한 지형물의 이름'을 채택했다. 1974년에 IHO는 UNCSGN 결의 II/25를 참조하여 하나의 지형물에 여러 이름이 있는 경우에 대한 권고를 A4.2에 제6항으로 추가했고, UNCSGN은 1977년 결의 II/25를 수정한 III/20을 채택했다.[10]

---

10) 결의 III/20은 II/25의 두 번째 부분 서술 "하나의 지형물을 공유하고 있고 다른 공식 언어를 갖고 있는 국가들이 공동의 명칭에 합의하지 못할 경우"에서 불필요하게 적용 범위를 축소시키는 문구 "다른 공식 언어를 갖고 있는"을 삭제하자는 나이지리아 대표의 제안에 의해 상정되었다(Woodman, 2010). 이 부분을 빼고는 III/20이 II/25와 동일하기 때문에 원조는 1972년 II/25라 보아 마땅하다.

IHO 기술 결의 A4.2.6의 핵심 내용은 다음과 같다.

둘 이상의 국가가 특정 지형물을 다른 형식의 이름으로 공유하는 경우,

- 해당 국가들이 단일 명칭을 정하는 합의에 이르도록 노력할 것.
- 해당 국가들이 다른 공식 언어를 가지고 있고 공동의 이름 형태에 합의할 수 없는 경우, 소축척 해도에서 기술적 이유로 금지되지 않는한, 해당 언어들이 갖는 각각의 이름을 해도와 발간물에 수용할 것.

UNCSGN 결의 III/20의 핵심 내용은 다음과 같다.

하나의 지형물을 다른 이름으로 공유하고 있는 국가들은,

- 가능한 한 단일 명칭을 정하는 데에 합의할 것.
- 공동의 명칭에 합의하지 못할 경우, 각 국가가 사용하는 명칭을 수용하는 것이 국제 지도 제작의 일반 규칙이 되어야 함. 다른 이름을 제외하면서 그중 하나 또는 일부를 채택하는 정책은 원칙적으로 비일관적이며 부당한 것으로 간주될 것임. 단지 기술적 이유에서만(예를들어 소축척 지도의 경우) 어떤 명칭이 사용되지 않는 것을 인정할 수있을 것임.

매우 자연스럽게 동해 수역에 적용될 수 있을 것으로 보이는 이 결의에 대해 일본은 다른 주장을 펼친다. 핵심은 지형물의 공유(sharing) 여부. 즉 동해는 대부분이 주권(sovereignty)이 미치지 않는 공해이기 때문에 인접 국가가 공유하는 지형물이 아니라는 것이다. IHO 기술 결의에 예시로 제시한 지형물, 한국어로 만, 해협, 다도해로 번역되는 bay, strait, channel, archipelago에 '바다(sea)'가 포함되어 있지 않다는 점을 지적하기도 한다.

이에 대해 전문가들은 동해 수역이 「유엔해양법협약(UNCLOS)」이 규

정한 배타적 경제 수역(exclusive economic zone, EEZ)으로 인접 국가의 영역으로 나뉜다는 점에 주목한다(Park, 2011). 한국과 일본의 EEZ에는 각국의 주권적 권리(sovereign rights)가 적용되고, 따라서 동해 전체 수역은 공유된 바다라고 볼 수 있다는 것이다. 문제는 IHO나 UNGEGN이 이같이 단순하지 않은 해양법적 논의를 그 결의의 적용에 고려할 것인가로 귀착된다. 양 기구의 결의는 강제성이 보장되지 않는 권고라는 점을 고려할 때, 이 결의는 한국 정부가 두 이름을 함께 사용할 정당성을 펼치는 논리 이상으로 효력을 발휘하기를 기대하기는 어려워 보인다.

　1972년과 1977년에 유엔 결의가 채택될 때, 해양지명은 대상이 아니었다는 점을 지적하기도 한다(Woodman, 2010).[11] 그러나 이 결의가 채택된 총회에서 「단일 주권을 초월한 지리적 실체」 의제 하의 발표에서 두 개이상의 국가에 걸치는 지형물로서 해양과 해저지형을 언급하며 스카게라크 해협(Skagerrak) 같은 구체적 사례를 제시하는 것을 고려할 때, 이 결의는 해양지명까지 포괄하는 것으로 해석하는 것이 타당하다. 단, 해양 지형이 '공유된 지리적 실체'임을 뒷받침하는 논리와 근거는 여전히 강화되어야 할 것이다.

국제기구가 동해 표기 문제를 해결할 수 있는가

이제 제목으로 제기했던 질문에 대한 답변으로 이 장을 마무리하고자 한

---

11) 영국 대표로서 해당 총회에 참석했던 폴 우드만 영국지명위원회 전 사무총장은 총회 의제 '단일 주권을 초월한 지리적 실체'가 두 개 이상의 국가에 공통으로 걸치는 지형물에 대한 의제(14a)와 해양지명에 대한 의제(14b)로 나뉘어 있었고 이 결의는 14a에서 채택되었다는 점을 들어 이렇게 주장한다.

다. 지난 30년 가까이 유엔지명회의와 국제수로기구에서의 경험을 종합
하면, 국제기구는 동해 표기 문제의 해결, 넓게 말하면 분쟁지명의 해결을
위한 출발점으로서의 역할을 충분히 수행할 수 있다. 분쟁 해결의 원칙을
제공하며 이에 근거한 토론을 가능하게 한다. 참여하는 각국의 전문가를
움직여 분쟁 해결의 제3자 또는 파트너로 끌어들일 수 있다. 동해 문제에
직접 연결된 IHO에는 디지털 기법을 통한 해결을 궁리하도록 이끌었다.

그러나 국제기구가 분쟁 해결을 위한 중재의 역할을 수행할 수 있으리
라는 기대는 어려워 보인다. 국제기구가 채택하는 원칙은 말 그대로 원칙
이며 권고일 뿐, 강제성은 담보되지 않는다. 설득력을 높이기 위해 각국이
보편적으로 인정하는 원칙을 추구하지만, 그 적용에는 한계가 있다. 문제
를 알리고 토론을 하는 곳으로는 매우 적절하지만, 해결의 장소로서 기능
하기는 어렵다. 분쟁의 당사자들은 모두 각 기구의 존중받는 회원국이므
로 제3국의 누구도 선뜻 한쪽을 지지하거나 중재를 자원하기 어렵다.

따라서 이미 분쟁의 내용이 너무나도 잘 알려진 동해 표기 문제는 이제
국제기구에서 새로운 방향으로 접근하는 것이 필요하다. 각 기구가 갖는
설립의 목적과 가치를 존중하고 실질적으로 업무에 기여하는 노력이 그
것이다. 국제적인 지명 표준화의 추세에 따라 함께 방향을 이끌어 가고 한
국의 모범 사례를 지속적으로 발굴하여 전달하는 것은 동해 명칭을 확산
하는 간접적인 방법이 될 것이다. IHO에서 이제 새롭게 개발되는 해양과
바다의 경계 디지털 문서에 한국의 기술력으로 기여하는 것도 같은 효과
를 창출할 것이다.

국제기구가 출발점이라고 한다면 각국의 전문가, 오피니언 리더, 교사,
민간 지도제작사는 본격적인 게임의 대상이다. 동해 명칭의 확산은 이들
을 통해 이루어질 것이다.

6장. BGN, PCGN, AKO:
동해 명칭 확산의 파트너, 각국 지명위원회

한국 언론에 등장한 미국지명위원회

그 이름도 생소한 영어 약칭이 두 번이나 한국 언론의 집중적인 주목을 받았다. BGN, 즉 미국지명위원회(U.S. Board on Geographic Names) 이야기다. 첫 번째는 2008년 7월 27일, 이 기관이 운영하는 데이터베이스에 독도의 영토 표시가 '한국(South Korea)'에서 '주권 미지정 지역(Undes-ignated Sovereignty)'으로 바뀐 것이 언론 보도를 통해 알려졌을 때다 (《연합뉴스》, 2008. 7. 27.). 미국이 독도를 한국 영토로 인정하지 않음을 나타내는 표시에 한국 사회는 발칵 뒤집혔고 언론은 강력한 비판의 목소리를 냈다.

한국의 외교라인은 바삐 움직였다. 한국 대사를 지낸 국무부 차관보와 면담이 이루어져 한국 영자지(紙) 3개의 독도 관련 헤드라인 기사를 보여 주면서 문제의 심각성을 전달했다. 다행히도 하루가 지나 이 표시는 원상 회복되었다. 방한을 며칠 앞두고 있던 부시 대통령의 지시가 있었다고

Liancourt Rocks (BGN Standard)		Name (Type)	Geopolitical Entity Name (Code)
Take Sima (Variant)			
Take-shima (Variant)		Liancourt Rocks (Approved - N)	
Tok-to (Variant)		Chuk-to (Variant - V)	
Tŏk-do (Variant)	Undesignated Sovereignty	Dog-do (Variant - V)	
Chuk-to (Variant)		Dog-Do (Variant - V)	South Korea (KS)
Hornet Islands (Variant)		Dogdo Island (Variant - V)	
Dogdo Island (Variant)		Hornet Islands (Variant - V)	
Dog-do (Variant)		Take-shima (Variant - V)	
		Take Sima (Variant - V)	
		Tŏk-do (Variant - V)	
		Tok-to (Variant - V)	

미국지명위원회가 운영하는 국제 지명 데이터베이스의 독도 부분. 왼쪽은 2008년 7월, 약 일주일간 표시되었던 '주권 미지정 지역(Undesignated Sovereignty)', 오른쪽은 '한국(South Korea)'이라 표시된 현재의 상황을 보여 준다. 그들이 인정하는 독도의 표준(standard 또는 approved) 명칭은 19세기 중반 프랑스 포경선의 이름을 따서 붙여진 '리앙쿠르 암(Liancourt Rocks)'이다. 현재까지도 로마자 표기법에 의한 Dokdo가 별칭(variant)으로 수록되지 않는 것은 아쉬운 일이다.

출처: 《연합뉴스》, 2008. 7. 27.(왼쪽); 미국지명위원회 데이터베이스 검색, 2021. 2. 16.
  https://geonames.nga.mil/namesgaz/gnsquicksearch.asp(오른쪽)

알려졌다(《연합뉴스》, 2008. 7. 31.). 한국령으로 명시되었던 독도를 '주권 미지정 지역'으로 변경한 것은 "전문가들이 정치적 고려 없이 내린 결정"이었다는 백악관 국가 안보회의 관계자의 코멘트가 전해졌고(《연합뉴스》, 2008. 7. 29.), 사태가 정리된 후 주한 미국 대사는 "낮은 수준에서 이뤄진 관료들의 결정(《뉴시스》, 2008. 7. 31.)"이었다고 평가했다. 하나의 해프닝으로 끝났지만, 한국 국민에게 BGN이라는 기구의 존재를 강력히 각인시킨 일이었다.

두 번째는 2011년 8월 초의 일이다. 이듬해 4월에 있을 국제수로기구(IHO) 총회를 앞두고 진행된 바다의 이름과 경계를 수록한 책자 S-23(5장 참조) 개정판 발간 논의 과정에서 미국지명위원회가 Sea of Japan 단독 표기를 지지한다는 입장이 전해졌다.[1] 언론은 이를 놓치지 않고 국무

---

[1] 2009년 6월부터 운영된 S-23 개정판 발간 워킹그룹의 활동 결과 보고서 작성 과정에서 의장단이 Japan Sea를 본문에 넣고 East Sea 관련 내용을 부록에 넣을 것을 제안한 향후 방향(Way

부 정례 브리핑에서 미국의 입장을 질의했다. 돌아온 대답은 "국제적으로 인식되는 용어 Sea of Japan을 우리 역시 사용하고 있으며, 미국은 BGN에 의해 결정된 표기를 사용한다"는 것, 생생한 영상과 함께 시청자에게 전달되었다(SBS 뉴스, 2011. 8. 9.).

언론 매체는 이 뉴스에 대한 사실 확인과 함께 다양한 해석과 의미를 전달했다. 정치권은 들썩였고 외교라인은 다시 바빠졌다. 이 과정에서 그동안의 기조를 넘어서는 무리한 발언과 논조도 이어졌다. 병기가 최종 목적이 아니라든가, Sea of Korea를 고려할 때가 되었다든가, 동해 확산 정책을 전면 개편해야 한다든가 하는 발표나 주장이 그것이었다(4장 참조). 또 다른 해프닝의 촉발 역시 BGN에 의한 것이었다.

이후에도 미국 정부의 Sea of Japan 사용, 이어진 미국 정부의 입장에 대한 질의와 국무부의 공식 답변은 반복되었다. 2014년 1월, 버지니아에서 동해 병기 법안이 처리되는 시기에(7장 참조) 국무부 브리핑에서 일본인 기자의 질문에 대한 답변(YTN 뉴스, 2014. 1. 23.), 2019년 5월, 일본 기자에서 트럼프 대통령이 미군 대상 연설에서 Sea of Japan을 사용한 것에 대한 서면질의에 대한 답변(《연합뉴스》, 2019. 5. 30.)이 대표적이다. 미국 정부는 BGN이 결정한 명칭을 쓰고, BGN이 동해 수역에 승인한 이름은 Sea of Japan이라는 것이다. BGN은 동해 명칭 확산을 위해 피해 갈 수 없는 상대가 되었다.

Forward)을 미국 대표가 지지한 것이 한국 언론에 이렇게 알려졌다. 영국 대표도 같은 의견이었는데, 마찬가지로 영국도 Sea of Japan 단독 표기를 지지한다고 보도되었다.

130년 이상의 전통과 전문성, BGN을 뛰어넘을 수 있는가

미국지명위원회는 미국 정부의 공문서와 지도에서 사용되는 국내외 지명을 통일해 혼란을 방지하기 위한 목적으로 1890년 설립된 연방정부 산하의 기관이다. 이 기관은 오랜 기간 쌓인 전문성과 객관성을 바탕으로 지명 제정과 변경의 원칙을 세워 왔고, 이 원칙에 합당한 전 세계 지명의 목록을 세 가지 데이터베이스(국내 지명, 해외 지명, 남극 지명)로 나누어 운영하고 있다. 미국 연방정부에서 사용되는 모든 지명은 여기서 제공된다. 그러나 중요한 참고 자료로서 그 영향력은 미국을 초월한다.

BGN의 중요한 지명 제정 원칙은, 하나의 지리적 실체에 하나의 표준 지명을 부여하되, 그 지명은 현재 가장 많이 사용되는 것(이를 conventional name, 관용 지명이라 함)을 채택한다는 것이다. 특히 동해와 같은 공해(international waters)에 대해서는 명확한 표준화의 목적을 달성하기 위해 이 원칙을 철저히 지켜야 한다는 생각을 갖고 있다.[2] 동해 수역에 대해 부여된 소위 '표준 지명 Sea of Japan'이 미국 연방정부에서 사용될 뿐 아니라 각 주 정부, 공공 기관, 언론 등에도 영향을 미치는 이유다. 동해 명칭 확산을 위해 뛰어넘어야 할 거대한 벽이다.

과연 이 BGN의 벽을 넘을 수 있을 것인가? 기본 전제는 오랜 기간 축적해 온 그들의 존립 기반과 운영 원칙을 존중하고, 그들 입장에서 그 원칙이 세워진 배경을 이해하는 것이다(주성재, 2011). BGN으로서는 단일 지명으로의 표준화가 최우선 과제였다. 각 주 정부의 자율권이 최대한 보장되는 체제에서 연방정부의 통제력을 높이기 위해 외국 지명이든 국내 지

---

2) 2019년 7월, 미국 버지니아에서 열린 제25회 바다 이름 국제세미나에 참석한 BGN의 해외지명위원회 위원장이 밝힌 견해다.

명이든 일관성 있게 하나를 사용하는 것이 중요했을 것이라 추측할 수 있다. 2008년 7월에 '주권 미지정 지역'이라는 새로운 분류를 만든 것, 그리고 이를 지칭하는 'uu'라는 코드를 만든 것은 전문가적인 판단에 의해 제안된 것일 수 있다(물론 독도를 그 첫 케이스로 삼은 것은 잘못됐다). 그들의 원칙을 존중한다면 미국 정부의 Sea of Japan 사용에 대하여 한국 정부가 "미국이 일방적으로 일본을 두둔한다"고 해석하는 일(《경향신문》, 2011. 8. 8.)은 사라질 것이다.

동해 병기를 추진하는 한국으로서는 '하나의 실체, 하나의 지명' 원칙을 다시 검토하기 위한 동기를 유발하는 것이 필요하다. 단일 지명 채택의 가장 큰 약점은 여러 개의 정체성을 수용하지 못한다는 것이므로 이를 부각하는 일이 필요하다. 버지니아 동해 병기 법안에서 주목했던 것이 바로 이

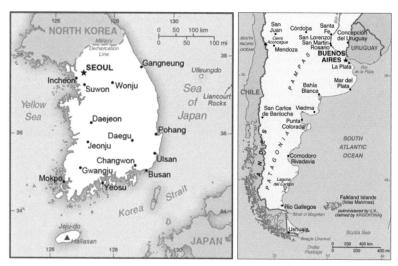

미국지명위원회의 데이터베이스에 수록된 지명을 사용하는 중앙정보국(CIA) 발간 *World Factbook*의 한국과 아르헨티나 부분. 단독 표기한 Sea of Japan과 달리 영국령 포클랜드 제도(Falkland Islands)는 아르헨티나 이름 말비나스 섬(Islas Malvinas)을 괄호에 표기하고 친절하게 "영국이 지배함, 아르헨티나가 영유권을 주장함"이라 설명하고 있다.

출처: 미국 CIA, 2018, *World Factbook*.

다양한 정체성과 그것이 갖는 교육적 가치였다(7장 참조). 물론 정치적인 동기가 작용했겠지만, 같은 BGN의 목록에 영국이 지배하는 포클랜드 제도에 아르헨티나 이름 말비나스 섬을 병기한 것은 희망을 주는 일이다.

East Sea를 지속적으로 확산함으로써 관용 지명이라는 Sea of Japan의 위상을 끌어내리는 것은 또 다른 중요한 방향이다. 동해의 각 언어 표기가 병기된 세계 지도는 계속 증가해 왔다(7장 참조). 영향력 있는 지도제작사로 좁히면 그 비율은 50%를 상회하는 것으로 조사된다. BGN의 담당자가 이 비율에 깊은 관심을 보였다는 점[3]에 미루어 세계 지도의 변화는 향후 BGN의 규범에 영향을 미칠 잠재력이 있는 것으로 판단된다. BGN이 2018년, 그 데이터베이스에서 Donghae와 East Sea를 동해 수역의 별칭으로 포함하는 변화를 보인 것은 그 희망의 시작이다. 그들은 문헌이나 지도에서 사용되는 다른 명칭을 별칭으로 수록한다는 희미한 원칙을 밝히면서도 한국이 오랫동안 요구했던 이 명칭에는 주목하지 않고 있었기 때문이다.

한국의 정부 관계자와 전문가들은 지속적으로 BGN을 노크해 왔다. 한국 정부 대표와 BGN 대표의 공식 회의는 2000년 4월, 수도 워싱턴의 의회 도서관에서의 회동이 처음인 것으로 기록된다(이기석, 2004). 이후 두 차례의 공식 방문이 있었고,[4] 분기마다 열리는 BGN 정기회의 참관도 이루어졌다. 그들이 준수하는 원칙 '하나의 실체, 하나의 지명'을 확인하는 자리가 이어졌지만, 한국의 병기 입장과 이에 귀를 기울이는 세계 지도제작사의 변화를 전달하는 기회가 주어졌다는 것은 의미 있는 일이었다고

---

3) BGN을 수차례 방문하여 담당자를 면담한 유의상 전 국제표기명칭대사의 증언이다.
4) 2005년 10월 워싱턴에서 열린 제11회 바다 이름 국제세미나를 앞두고 미국지질자원국 (USGS)에서, 2008년 7월 독도 영토 표시 해프닝 종료 후 국무부에서 있었다.

평가된다. 그들의 회의에서 이루어지는 합리적인 과정, 대표적으로 연방
정부 각 부처의 이해를 반영하는 의견 개진과 표결은 이들의 130년 원칙
이 어떻게 만들어졌는지 엿볼 수 있는 기회를 제공했다.

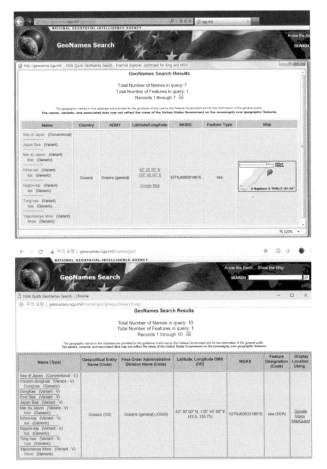

미국지명위원회 데이터베이스의 동해 수역 표기의 변화(위는 2016년 10월, 아래는 2018
년 11월 접속). 아래 화면은 관용 지명(Conventional) Sea of Japan과 함께 별칭(Variant)
으로 Donghae와 East Sea를 보여 준다. 북한의 명칭 조선동해도 북한식 로마자 표기로
수록했는데, 속성요소(Generic) '해(hae)'를 '동해(Donghae)'로 잘못 적었다. 맞는 표기는
Chosŏndong-hae다.
출처: 미국지명위원회 외국 지명 데이터베이스, 2016; 2018.

대영 제국의 지명 사용 가이드라인을 제공하는 영국지명위원회

영국지명위원회(Permanent Committee on Geographical Names, PCGN)는 제1차 세계대전 중에 통일되지 않은 형태의 지명을 사용함으로써 혼란이 발생했던 문제를 인식하고 이를 해결하기 위한 기구로 1919년에 설립되었다. 자국에서 사용하는 영어식 표기의 통일을 기한 것은 BGN과 같았으나, 그 표기 가이드라인은 세계 각 대륙에 퍼져있는 영연방 국가에서 사용되는 만큼 영향력이 컸다. 설립 단계부터 왕립지리학회(Royal Geographical Society, RGS)의 역할이 컸던 것으로 알려져 있다. 현재 사무실도 RGS 건물 안에 위치한다.

영국은 기본적으로 지도, 문서, 기타 자료에서 사용되는 지명을 존중하고 이를 수집하여 사용하는 것을 원칙으로 한다. 국내 지명은 각 지역의 측지국(Ordnance Survey)이 지도에서 이미 사용하고 있는 지명을 수집하여 목록집으로 제작하며, 이는 PCGN의 소관 사항이 아니다. 외국 지명의 경우, PCGN은 현재 지도를 비롯한 여러 매체에서 사용되고 있는 영어 지명의 표준화된 철자 채택 원칙과 용례를 정하고 있으며, 이를 위한 기초 작업으로 비로마자 문자의 로마자 표기법을 규정하고 있다. 따라서 PCGN에게 있어 외국 각 지명의 유래, 지명에 재현된 사용자의 인식과 정체성, 변화 과정은 고려사항이 아니며, 현재 영어권에서 사용되는 지명을 영국 정부 각 기관에서 표준화된 철자로 혼동 없이 사용하도록 유도하는 것이 가장 중요한 업무라고 할 수 있다.

영어권에서 사용되는 지명은 '영어 관용 지명(English conventional name)'이라고 하며, BGN이 채택하는 관용 지명과 동일한 성격을 갖는다. PCGN은 어떤 국가의 주권도 미치지 않는 경우, 두 나라 이상 국가의 주권이 미치는 경우, 그리고 이미 확립되어 사용되는 경우(예: 뮌헨의 영어 이름 Munich, 빈의 영어 이름 Vienna)에 이를 사용한다고 규정한다.[5] 이 원칙에 따라 그들이 권고하는 동해 수역의 영어 관용 지명은 Sea of Japan 이다.

PCGN의 영어 관용 지명 사용에 대해서는 이 이상의 원칙이 발견되지 않는다. East Sea를 관용 지명으로 인정받기 원하는 한국으로서는 다음의 질문을 던질 수 있다.

- 영어권에서 사용되는 지명이 두 개 이상일 경우 어떤 지명을 관용 지명으로 인정하는가?
- 지명 사용의 관례가 바뀌었을 때 관용 지명도 이에 따라 바뀌는가? 어느 정도의 변화가 관용 지명 변경의 동기로 작용하는가?
- 두 개 이상 지명 간 분쟁이 있는 경우에도 같은 원칙을 적용하는가?

이러한 질문에 명쾌한 답변을 찾을 수 없는 것은 불문율의 관습에 익숙한 영국식 통치체계의 특성에 기인하는 것으로 추측할 수 있다. 제한적인 규정보다는 전문가의 의견을 존중하는 유연성도 작용하는 것으로 보인다. 이 사실은 East Sea가 언젠가는 관용 지명으로 인정받을 수 있다는 희망적인 사인으로 해석할 수 있다. PCGN은 외국 지명 사용의 환경 변화에 따른 지명 변경의 필요성에 민감하게 대응하며, 이를 위해 각국의 지명 정보를 수집하는 데에 열의를 보인다. 이것이 영국 정부가 사용하는 지명에 정확성을 확보하려는 노력이라 본다면, 국제사회에서 East Sea의 사용이 증가하는 현상을 심각하게 주목할 때가 올 것이다.

PCGN은 현재 BGN과 밀접하게 협력하며 일하고 있다. 세계 각 지명의

---

5) PCGN, Guidance: English conventional names (2015년 2월 업데이트) https://www.gov.uk/government/publications/english-conventional-names

2019년은 영국지명위원회(PCGN) 창립 100주년과 오스트리아지명위원회(AKO) 창립 50
주년을 맞이한 해였다. 필자는 한국 국가지명위원회를 대표하여 양 기관에 기념패를 전달
했다. 왼쪽 치텀(Catherine Cheetham) PCGN 사무총장, 오른쪽 람플(Gerhard Rampl)
AKO위원장이 보인다. 학술 심포지엄과 함께 개최된 오스트리아 행사에는 국토지리정보원
대표(강기희 주무관)가 함께 참여해 대동여지도를 선물했고, 지리정보 전문가인 한국교원대
학교 김영훈 교수도 참석했다.
ⓒ PCGN, 2019. 11. 21; 김정택, 2019. 11. 6.

통일된 영어식 표기 채택이라는 공통된 목표에서 만들어진 긴밀한 협력
의 환경에서 1947년 이래 합동회의를 개최하며 공동의 관심사를 논의한
다. 별도의 외국 지명 데이터베이스가 없는 PCGN은 BGN의 데이터베이
스를 적극 활용하며, 공동의 로마자 표기법을 채택한다.[6] 이 모든 활동이
영어권 지명 사용의 일관성을 유지하는 데에 기여해 왔다고 평가된다. 영
어권에서 East Sea를 확산하기 위한 노력 역시 이 두 기관을 동시에 타깃
으로 두고 이루어져야 하는 이유가 여기에 있다.

6) 현재 사용하는 한국어의 로마자 표기법은 2000년 7월에 도입되었으나, 영국과 미국은 한동
   안 매큔—라이샤워(McCune-Reischauer) 표기법을 사용했다. BGN과 PCGN은 2011년 한국
   의 새로운 표기법을 인정하기로 결정하고 그해 5월 유엔지명전문가그룹 총회에 참석한 한국
   대표에게 이를 통보했다.

다양성 존중의 전통, 오스트리아지명위원회(AKO)

오스트리아지명위원회(Arbeitsgemeinschaft für Kartographische Orts-namenkunde, AKO)는 1967년 열린 제1차 유엔지명표준화 총회에서 각국의 지명 사용을 조정하는 지명 기구를 설치하라는 권고를 따라 1969년에 설립되었다. 기본 업무는 오스트리아에서 지명과 관련된 모든 주체, 즉 연방정부의 부처와 각 주 정부, 학술 단체, 민간 지도제작사의 지명 사용을 조정하는 것이다. 지명 표준화와 관리 전문가가 참여하며 오스트리아 학술원의 언어학자와 지리학자가 주도한다. 2006년 한국 방문 이래 각별한 인연을 유지하고 있는 AKO 전 위원장 하우스너(Isolde Hausner) 교수와 요르단(Peter Jordan) 교수도 학술원 소속이다.

개별 지명의 표준화된 형태 채택과 관리는 각 주 정부에게 일임된 만큼, AKO의 주요 관심은 원칙의 설정과 조정을 통해 지명의 모범적 사용을 유도하고 권고하는 일이다. 2019년 11월, AKO 50주년 기념행사에서 하우스너 교수는 지난 50년간 AKO의 가장 중요한 업적으로 『문화유산으로서 지명』 심포지엄 개최와 편집서(Jordan, P. et al., 2009) 출판, 그리고 『오스트리아 교육 매체의 지명 사용을 위한 권고』(AKO, 2012) 출판을 들었다. 전자는 지명이 갖는 문화유산의 요소에 주목한 것이었고, 후자는 오스트리아 교육 매체에서 세계 각국의 지명을 어떻게 사용하는 것이 좋을지 전문가적 식견을 제시한 것이었다. 두 개의 출판물은 지명에 담긴 정체성을 존중한다는 공통의 맥락을 갖고 있었다.

후자의 책자에서는 문화유산과 정체성이 담긴 지명을 복수로 사용할 것을 권고하고, 동해 수역의 명칭을 그 주요 사례의 하나로 들었다. 독일어 알파벳 순서에 따라 Japanisches Meer/Ostmeer(일본해/동해)로 표기하

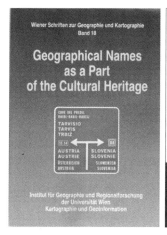

오스트리아지명위원회(AKO)는 유엔에서 지명이 갖는 문화유산의 요소에 관심을 공유하기 시작한 초기에 학술 심포지엄 개최를 후원하고 발표 논문을 책으로 모아 발간했다(2009년, 왼쪽). 다양한 문화유산과 정체성을 존중하는 전통은 교육 매체에 대한 복수 지명 사용 권고로 발전했다(2012년, 오른쪽). 표지를 장식한 여덟 개 사례 중에 동해가 있다(아래에서 두 번째 줄).

출처: Jordan, P. et al.(2009); AKO(2012).

는 것이다. AKO의 이러한 판단은 동해 병기를 위한 한국 정부와 전문가의 설득에 영향을 받았겠지만, 근본적으로는 다양성을 존중하는 오스트리아식 가치에 기반한 것이라 평가한다. 소수 민족의 유산을 존중하는 오스트리아에서는 소수 언어 사용 인구가 10%를 초과하면 그 언어의 지명을 함께 표기하는 규정을 준수하고 있다(국토지리정보원, 2013, 71-77).

오스트리아지명위원회의 동해 병기 권고는 국가 단위에서 최초로 이루어진 가시적 성과로 기록된다. 한국으로서는 동해가 갖는 상징성과 의미를 「문화유산으로서의 지명」이라는 커다란 담론과 이를 존중하는 인류 보편의 가치에 담을 수 있었기에 가능한 일이었다(9장 참조). 동해 표기 논의를 동아시아의 특수성이 아닌, 지명 표기의 일반 원칙에 의한 정당성 부여로 발전시켜나가는 것, 이것이 중요한 통로라는 것이 교훈이다.

시스템의 벽을 네트워크로 극복

각국의 지명 사용을 인도하는 관리 기구, 지명위원회, 정부 부처는 동해 명칭 확산 활동의 길목에 있는 중요한 파트너임이 분명하다. 이들이 제공하는 지명 표기의 가이드라인과 지명 목록이 각국의 공공 기관, 교육 매체, 출판사, 언론사, 심지어는 민간 기업에까지 전달되기 때문이다.

많은 국가들은 세계 각 지명을 자국어로 어떻게 표기할지에 대한 원칙과 용례를 규정하고 있다. 미국과 영국 지명위원회가 규정한 "현재 가장 많이 사용되는 하나의 관용 지명 사용"과 같이 그 원칙이 때로는 극복할 수 없는 거대한 벽으로 보이기도 한다. 반면에 오스트리아와 같이 다양한 정체성의 가치에 주목하여 동해 병기에 비교적 쉽게 문을 열어 주는 경우도 있다. 동해 명칭의 확산을 추구하는 쪽에서 중요한 것은 각국의 역사와 문화적 배경에서 설정된 그들의 가치와 원칙을 존중하고 이에 조율된 표기의 정당성으로 그들을 설득하는 일이다.

시스템의 굳건한 벽은 전문가 네트워크로 극복할 수 있으리라 본다. 한국이 유엔지명전문가그룹에 참여함으로써 받은 혜택 중 하나는 세계 여러 국가의 지명 전문가들을 한자리에서 만날 수 있었다는 점이다. 동해 병기의 정당성과 이를 향한 한국인의 정서는 그들에게 그대로 전해져 가시적인 성과로 나타난다. 강대국의 사이에 끼어 국경이 바뀌고 언어집단이 이동할 수밖에 없었던 중부 유럽 국가들은 특히 적극적이다.

각국의 지명 기구와 이와 연계된 전문가들이 동해 명칭 확산의 파트너라면 이들과 유용한 파트너십을 만들어 가는 것이 중요하다. 동해 병기의 담론이 지명 연구의 지평을 넓혀가는 도구가 되어 양방향의 혜택으로 이어지게 하는 것은 그 중요한 방향이다. 2021년 8월 현재 스물여섯 차례 진

Újabb reaktort zárnak le ideiglenesen

A *hamaokai* atomerőmű üzemeltetője beleegyezett, hogy a cunamivéde-
lem kiépítéséig ideiglenesen leállítják a reaktorokat. Szeizmológusok
szerint ez a legveszélyesebb atomerőmű jelenleg a földön: öt öreg
reaktorblokkja van, két jelentős törésvonal fölött.

- A földrengés/cunami által legjobban sújtott prefektúrák
- **Atomerőművek**
- Forralóvizes reaktor (BWR)
- Nyomottvizes reaktor (PWR)
- 4 Reaktorblokkok száma
- Márciusban megrongálódott

200 km

HOKKAIDÓ

Tomari ②

*Japán-tenger
(Keleti-tenger)*

MIJAGI PREFEKTÚRA

FUKUSIMA

① Higasidori

IVATE

ÉSZAK-KOREA

Kasivazaki
Kariva

Szendai ③

DÉL-KOREA

Csuruga Sika

IBARAKI

Mihama

Simane ② ③

JAPÁN
HONSÚ

Fukusima
Daini

Genkaj ④

Ohi

④ ③ ⑤

Tokió

CSIBA

KJÚSÚ

Takahama

④ ③

Ikata

②

SIKOKU

*Hamaoka:
a Chubu cég
üzemelteti*

Kelet-kínai-tenger Szendai

CSENDES-ÓCEÁN

Forrás: Japán Atomipari Fórum

© GRAPHIC NEWS

헝가리의 민간 부문은 헝가리 지명위원회의 동해 병기 권고를 따른다. 위 도면은 무가지인 『메트로(Metro)』 헝가리판의 후쿠시마 원전 사고 기사에 삽입된 지도를 보여 준다. 헝가리어로 일본해 밑에 괄호로 동해를 표기했다. 그러나 헝가리 외교부는 일본 정부의 압박으로 일본해를 단독 표기한다. 아래 도면은 루마니아에서 발간된 아틀라스의 동아시아 부분이다. 루마니아어로 동해를 먼저 쓰고 아랫줄에 일본해를 괄호에 넣어 표기했다. 유엔지명회의에서 알파벳 순서로 나란히 앉는 대한민국(Republic of Korea)과 루마니아(Romania)는 오랫동안 돈독한 관계를 유지해 왔다.

출처: Metro Hungary, 2011. 5. 10.; Instituto Geografico DeAgostini, 2008, *Atlas: Geografic General*, Bucureşti.

행된 바다 이름 국제세미나가 그 논의의 장을 제공하는 포럼으로 자리 잡은 것은 매우 바람직한 현상이다. 지금까지 이 세미나에 참석한 각국의 지명 기구 관련자는 26개국 38명에 이른다.

각국의 원칙을 존중하되, 그 원칙에 영향을 미칠 만한 변화를 추구하는 것은 매우 전략적이면서도 실용적인 접근방법이다. East Sea가 관용 지명이 되도록 각국의 민간 지도제작사를 향한 활동을 강화하는 것은 여전히 중요한 방향이다. 세계 지도제작사가 변화한다면 미국과 영국의 지명위원회가 '하나의 관용 지명' 원칙을 심각하게 재고하는 날이 올 것이다.

7장. 교육, 출판, 언론: 동해 명칭 사용의 영역

그래스루트 운동의 성과, 버지니아 동해 병기 법안

2014년 2월 6일, 미국 버지니아주 하원 의사당 청중석에 한인 동포들이 대거 모여들었다. 이른 아침부터 수도 워싱턴과 인근 패어팩스 카운티를 떠나 두 시간 길을 달려 주도인 리치먼드에 도착한 차였다. 그들의 발걸음은 헛되지 않았다. 동해 병기를 규정한 법안이 찬성 81표, 반대 15표의 압도적인 차이로 통과되는 모습을 생생히 볼 수 있었기 때문이다. 세계 최초로 동해 병기를 제도적으로 규정한 정부 차원의 조치가 채택되는 순간이었다. 그 내용은 두 주 전인 1월 23일 주 상원을 통과한 법안과 동일했다. "버지니아 교육위원회에 의해 승인되는 모든 교과서는 Sea of Japan을 언급할 때 이것이 또한 East Sea라고도 불림을 언급해야 한다"는 규정이었다. 이것은 두 이름을 반드시 함께 지칭할 것을 의무화했다는 점에서 「동해 병기법」이라 불려 마땅하다.

　이 법안의 통과와 시행은 결코 순탄하지 않은, 수많은 우여곡절의 결과였다. 첫 시도는 2012년, 동해 병기를 내용으로 하는 법안은 첫 관문인 상원 소위원회를 찬성 7표, 반대 8표로 통과하지 못했다. 전열을 가다듬어 더 많은 미국 정치인의 지지를 확보한 2014년 두 번째 도전에서 상원 소위원회와 교육위원회를 거쳐 본 회의를 통과했을 때만 해도 희망적이었던 분위기는 하원 교육소위원회 표결이 찬반 동수로 나오면서 주춤했다. 다행히 2차 표결에서 한 표 차이로 통과되고 이후 하원 상임위원회와 본회의 표결을 거치면서 최종 목적지가 보였지만, 이제는 버지니아 주지사의 승인이 남아있었다. 그해 1월 11일 막 임기를 시작한 맥컬리프(Terry McAuliffe) 주지사는 일본의 강력한 영향을 받고 있었다고 여겨졌기 때문이다.[1] 그러나 주지사는 대세를 거스를 수 없었고 결국 3월 28일 이 법안에 서명했다.

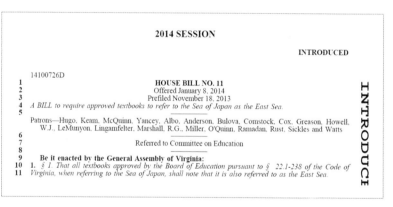

2014년 2월 6일 미국 버지니아주 하원을 통과하고 3월 28일 주지사의 서명을 거쳐 7월 1일 발효된 동해 병기 법안 HB(House Bill) No.11. 아랫부분에 Sea of Japan을 언급할 때 East Sea를 함께 언급해야 한다는 내용을 볼 수 있다.
출처: Virginia General Assembly

---

1) 동해 병기를 위한 한인 사회의 활동에 참여했던 최연홍 전 서울시립대 교수에 의하면, 맥컬리프 주지사는 상, 하원의 최종 교차 승인 과정에서 이 법안을 폐기하려 시도했다고 한다(Choi, 2019).

이 법안의 통과를 저지하기 위해 일본은 거대한 비용을 들여 로비스트 기업을 고용했다고 알려졌다(《MBC PD수첩》, 2014. 4. 29.). 그러나 동해 병기를 시도하는 쪽에는 의회가 무시할 수 없는 투표권을 가진 한인 사회가 있었다. 그들은 중요한 결정의 순간마다 먼 길을 이동해 청중의 권리를 행사했고, 전화, 이메일, 개인적 네트워킹을 총동원해서 미국 정치인들을 설득했다. 하원의 한인 의원은 동해 명칭에 대한 한국인의 정서를 충분히 전달했다.[2] 동해 병기에 오랫동안 뜻을 같이해 온 웨스턴미시건대학 스톨트먼(Joseph Stoltman) 교수가 평가하듯, "버지니아의 병기 정책은 한국계 미국인 시민들에 의해 주도된 정치적 이니셔티브의 결과였다(Stoltman, 2020, 19)."

버지니아주의 성과가 가능했던 것은 학생들에게 두 개의 정체성을 가진 두 이름을 모두 가르치는 것이 갖는 교육적 가치에 의회 구성원들이 동의했기 때문이었다. 한인 사회는 이 점을 놓치지 않고 정치인들을 설득하기 위한 포인트로 활용했다. 교육 현장은 지명이 알려지고 사용되는 매우 중요한 영역이며, 학교 교육에 사용되는 교과서와 지도책 제작자, 그리고 이를 사용하는 교사는 그 실행자다. 일반 시민들에게 전달되는 정보를 담당하는 출판사와 언론 매체 역시 중요한 영역으로 등장했다. 이제 지명의 수요자로서 교육, 출판, 언론의 세계는 동해 명칭 확산의 타깃으로 삼아야 하는 중요한 파트너가 된 것이다. 이들 각각의 특성에 맞는 맞춤형 접근이 필요한 시점에서 버지니아 법안은 매우 의미 있는 출발점을 제시했다.

---

2) 워싱턴지구 한인연합회 린다 한(Linda Han) 전 회장이 편집한 책『동해 병기: 미국 워싱턴과 버지니아에서 일어난 기적의 여정을 알리는 기록』(2016)은 열정적이었던 당시 한인 사회의 분위기를 잘 전달한다. 2009년 이래 버지니아 하원에 소속된 한인 마크 킴(Mark Keam) 의원은 공개 연설을 통해 동해가 한인들에게 갖는 의미를 전달했다.

교육적 가치와 그 실행의 수단으로서 교과서

버지니아 동해 병기법은 2014년 7월 1일부로 시행되었다. 이로써 버지니아에서 사용되는 모든 지리, 역사, 사회과교육의 교과서와 지리부도에는 두 이름을 함께 언급하는 것이 의무가 된 것이다. 교과서의 개정이 보통 5년에서 10년 사이 주기로 이루어진다고 볼 때 교과서가 바로 바뀌지는 않겠지만, 두 이름에 모두 주목하는 교실의 관행은 즉시 나타날 것이기 때문에 그 영향력은 매우 클 것이라 평가된다(Stoltman, 2019, 26). 전국을 시장으로 하는 출판사가 하나의 주(州)만을 위한 교과서를 별도로 만들지는 않을 것이므로, 그 효과는 사실상 미국 전역에 나타날 것이라는 기대를 할 수도 있다.

버지니아의 변화는 교육적 가치에 대한 보편적인 인정의 결과였다. 2012년부터 이 법안의 제안자로 참여했던 버지니아의 마스덴(Dave Marsden) 주 상원의원은 그 동기를 다음과 같이 말한다.

"학생들에게 사물이 어떻게 현재의 이름을 부여받았고 그 이름이 사용자들에게 얼마나 중요한지를 가르치는 것은 매우 중요합니다. Sea of Japan은 일본인들에게 매우 중요합니다. East Sea는 한국인들에게 매우 중요합니다. 그렇다면 우리는 왜 두 이름을 함께 보여 주지 못할까요? 두 개의 다른 유산이 있고 역사에 대한 두 개의 다른 관점이 있음을 인식하도록 말입니다(《MBC PD수첩》, '누가 동해 병기를 이끌었나' 인터뷰, 2014. 4. 29.)."

미국의 전국지리교육위원회(NCGE) 회장을 역임했던 스톨트먼 교수는 지명교육의 중요성을 다음과 같이 말한다.

"지명의 의미, 지명이 갖는 문화적 기초, 그리고 지명을 둘러싼 논쟁적 기류는 지리, 역사, 윤리 수업에서 쟁점을 탐구하는 데 의미 있는 콘텐츠입니다. 공식 교육 체계에서 채택하는 커리큘럼은 많은 나라에서 '알 권리(right to know)'라는 교육 철학에 기반하고 있습니다. 알 권리는 문화적, 역사적 진실 또는 정확한 증거가 지리와 역사를 배우기 위한 기초가 됨을 의미합니다(Stoltman, 2019, 19)."

　동해 수역의 표기 문제는 쟁점 탐구의 의미 있는 소재이며, 정확한 정보에 의해 학생들의 알 권리를 충족해야 할 대상이라는 것이다. 교육 현장의 해법은 두 이름을 함께 쓰는 것이라는 제안을 굳건히 지지한다. 이 병기의 관행은 미국 학생들의 가치 체계에 '공정으로서의 정의(justice as fairness)'를 심어주는 수단이 될 것으로 기대한다(Choi, 2014).

　교육적 가치를 존중한 버지니아의 병기 결정은 미국 연방정부의 지명 공공 정책을 주도하는 지명위원회(BGN)의 '하나의 실체, 하나의 지명' 원칙(6장 참조)을 넘어서는 특별한 의미를 갖는다. BGN의 해외 지명 담당자는 자치주의 결정이 연방정부의 지명관리에 미칠 영향은 없을 것이라고 예측하지만,[3] 주 정부, 지방 정부, 일반 시민의 의견이 연방정부의 결정에 광범위하게 영향을 미치는 현실을 고려해야 한다는 견해도 있다. 특히 지명의 사용은 언어, 전통, 그리고 오랫동안 전수되어 온 기록이 복잡하게 얽혀있는 것이기 때문에 표준화된 지명 사용의 관례를 세우는 것은 대중의 이해에 매우 민감하게 반응해야 하는 과정이라는 점을 그 근거로 든다(Stoltman, 2019, 23). 버지니아주가 100년 이상 유지해 온 합리적인

---

3) 2019년 7월, 미국 버지니아에서 열린 제25회 바다 이름 국제세미나에 참석한 BGN의 해외지명위원회 위원장의 의견이다.

지명 선정 전통의 영향력 역시 중요한 고려사항으로 간주된다.

버지니아의 사례가 미국 다른 지역으로 확산될 수 있을까? 한인의 영향력이 미치는 지역에서 정치인의 지지를 받아 교육의 가치를 중심으로 펼쳐 나간다면 전망은 밝다. 뉴욕주 교육국은 2019년 8월, "한국과 일본 사이 아시아 동쪽 경계에 있는 수역을 East Sea와 Sea of Japan로 함께 지칭할 것을 권고"[4]하는 공문을 일선 학군에 배포했다. 이 조치가 의미 있었던 것은, 여러 다른 나라, 집단, 개인에게 역사적 중요성을 갖는 용어를 존중하는 전통을 유지해 온 뉴욕주 사회과교육 기준의 바탕 위에서 East Sea의 사용을 그 사례로 들어 강조했다는 점이다. 2013년 이래 버지니아주와 같은 내용과 효력을 가진 법안 채택을 시도하고 있는 뉴욕주도 언젠가는 결실을 볼 것이라는 희망의 메시지다.[5] 버지니아와 뉴욕주를 뛰어넘어 이 변화가 영향력 있는 미국 다른 지역으로 확산해 나갈 때, BGN이 단일 지명 원칙을 재고할 때가 올 것이라 기대한다.

해외 교사 초청 사업 10년

교과서를 학생과 이어주는 주체는 교사다. 지리정보의 하나인 지명의 소비자가 학생이라면, 교사는 그 소비를 안내하는 가이드가 된다. 교과서의 지명 사용만큼 중요한 것은 교과서의 내용을 스토리로 만들어 학생들에게 전달하고 관련된 주제에 대해 생각해 보게 하는 교사의 역할이다. 이러

---

4) 뉴욕주 교육국(New York State Department of Education)의 커리큘럼과 지침(Curriculum and Instruction)에 의해 발송한 서한(2019. 8. 6.)의 내용이다.
5) 언론은 2021년 2월 1일 뉴욕주 상원에 제출된 동해 병기 법안이 무산되었다는 소식을 전했다. 일본의 로비에 가로막혔다는 분석이 아울러 전해졌다(MBC 뉴스, 2021. 2. 16.).

한 교사의 중요성을 인식한 것은 동북아시아의 바른 역사 정립을 목적으로 2006년에 설립된 동북아역사재단이었다.

동북아역사재단은 2009년 이래 해외 교사 대상 연수 프로그램을 개발하여 시행해 왔다. 한국 관련 이슈를 발표하고 토론하는 하루 컨퍼런스와 중·고등학교 방문, 그리고 주제를 갖는 지역에 대한 답사가 주요 프로그램이다. 동해 표기는 교사들의 관심을 끌었던 중요한 이슈였고, 그들 나름의 경험과 조사에 기반해 활발한 토론을 진행하는 대표 사례였다. 미국 교사로부터 시작한 이 행사는 캐나다로 확대되었고, 2017년부터는 유럽 교사를 포함시켰다. 2019년까지 진행된 열 번의 대회에 매회 15명 내외가 참석하여 현재까지 누적 참가자는 150명에 이른다.

이 행사의 총괄 매니저로서 스톨트먼 교수를 만난 것은 한국으로서는

동북아역사재단은 2009년 이래 지리교사 초청사업을 진행하고 있다. 대상 지역은 미국에서 캐나다와 유럽으로 확대되었다. 사진은 2019년 열린 제10회 대회의 참가자를 보여 준다. 앞줄 오른쪽에서 세 번째가 교사 그룹의 리더인 스톨트먼 교수, 그 왼쪽은 동북아역사재단 김도형 이사장, 오른쪽은 필자다. 코로나바이러스감염증-19로 인해 2020, 2021년 무산된 대회가 다시 열리기를 기대한다.
ⓒ 동북아역사재단, 2019. 6. 28.

무엇과도 바꿀 수 없는 큰 행운이었다. 각각의 정체성을 가진 명칭을 모두 존중하는 것이 사회정의의 실현이라는 신념을 가진 그는 동해 표기 문제가 역사의 이해, 식민지-탈식민지의 관행, 정의의 실현 등 중요한 주제를 토론할 수 있는 주제임을 교사들에게 알렸다. 결국 이 이슈가 갖는 교육적 의미에 집중했던 것이다.

프로그램 시행 4년 후, 미국 교사들은 'AP(Advanced Placement) Human Geography'라 불리는 고등학교 인문지리 심화 과정에 동해 표기 이슈를 20세기 동북아시아의 정치와 역사를 이해하고 분쟁에 관한 해법을 추구하는 사례로 채택하고 그 교육 매뉴얼을 개발했다. 학생들에게 현상을 소개하고 분쟁 당사국의 제안을 평가하면서 스스로의 해법을 찾아가

East Sea:
A Key to Understanding Political History of
Northeast Asia in the 20th Century

Contents

The authors of the lessons are Jane Purcell, Lonnie Moore, Julie Wakefield, and Susan Hollier. Authors were delegates to the Northeast Asian History Foundation Conference and Field Study in South Korea during 2009 or 2013. The lesson authors were geography teachers in secondary schools in the United States at the time of the visit to South Korea. They returned to the United States and began incorporating the information they had learned through their participation on the U.S. delegation to their classroom instruction. The lessons included in this project were greatly influenced by their experiences in South Korea. The leader of the U.S. delegation during 2009 and 2013 were Professor Joseph Stoltman, Western Michigan University.

미국 고등학교 인문지리 심화 과정에서 사용되는 동해 교육 매뉴얼(2014)의 표지와 목차. 총 56쪽으로 구성된 이 문서는 지리교육과 동해 표기의 의미, 객관적 증거의 문제, 이슈와 논쟁의 사례, 무반응의 문제와 활동 동기 유발, 평가의 방법 등을 내용으로 담고 있다.
출처: Joseph Stoltman.

게 하는 과정이다. 미국의 교사와 학생은 일본의 식민 지배를 받았던 한국의 사정에 애틋함을 느끼기도 했지만, 더욱 중요한 것은 이 사례 학습을 통해 문제를 객관적으로 보면서 세계인으로서 미래 활동을 위한 자질과 소양을 키워가는 것이었다. 그 핵심은 인류 보편 가치의 확인과 공유다(주성재, 2021b).

동해 병기 비율, 몇 퍼센트

동해 표기에 관한 언론 보도에서 항상 관심을 끄는 것은 세계 각국에서 사용되는 지도에 동해(East Sea 또는 이에 상응하는 각 언어의 명칭)가 얼마나 표기되었는가 하는 문제다. 아이러니하게도 이 현황에 먼저 관심을 가진 것은 일본이었다. 일본 외무성이 2002년 발행한 책자에서 밝힌 그해 조사의 결과는 2.8%였다.[6] 2005년 조사 결과를 전한 2006년 책자는 상업용 지도에서 그 비율이 18.1%에 이른다고 전한다.[7] 이후 한국 외교부는 2007년 23.8%, 2009년 28.1%라는 숫자를 발표했다.[8] 조사의 주체는 달랐지만 추세의 일관성을 확인하기에 충분한 결과였다.

이후에도 이 비율은 지속적인 언론의 관심사였다. 그러나 정확한 조사 결과는 밝혀지지 않은 채 그 비율이 40%를 초과했을 것이라는 추정만 알려져 있다. 앞으로의 조사에서는 단순 계산에 의한 비율보다는 질적인 측

---

6) 60개국 392개 지도에 대한 조사 결과다. 어떤 형태로는 East Sea가 표기된 것을 기준으로 한다. Ministry of Foreign Affairs of Japan(2002).
7) 61개국 116개 지도에 대한 조사 결과다. 마찬가지로 East Sea가 표기된 것을 모두 포함했다. Ministry of Foreign Affairs, Japan(2006).
8) 2007년 조사는 75개국 353개 지도, 2009년은 87개국 944개 지도를 대상으로 했다. 외교부의 내부 자료를 이용한 주성재(2012)에서 인용했다.

면을 고려한 현황 파악이 필요하다는 관점을 제시할 수 있다. 예를 들어 각 지도제작사의 영향력 지수를 가중치로 고려한 표기의 비율을 계산하는 방법이다. 각 제작사의 출판 역사, 출판 국가, 지도 제작 분야의 다양성, 지도 제품의 종류, 지도에 사용되는 언어 등이 이 영향력 지수 산정의 지표가 될 수 있다. 이렇게 산정된 영향력 상위 지도제작사 각각의 표기에 주목하여 현황을 파악하는 것은 질적 조사의 실용적인 방법이다.9)

　지도제작사는 각각이 정한 표기 정책에 따라 명칭을 결정한다. 각국 지명 담당 기구의 권고와 국제기구의 표기가 고려되지만, 과거부터 사용해 온 명칭의 관행이 중요한 역할을 하는 것으로 알려져 있다. 알려지지 않았던 명칭 사용의 요청이 있을 때, 이를 수용하는 것은 전적으로 제작사 자체 판단에 의하지만 출판업계의 분위기도 작용하는 것으로 추정된다. 표기 변화를 시계열적으로 추적한 조사(Choi, 2011)에 의하면 다수의 제작사가 2003~2005년 발행 판형부터 East Sea 병기를 시작한 것이 발견된다(2003년에 Collins, Phillip's, The Times, 2004년에 Oxford, 2005년에 DK, National Geographic, Rand McNally 등). 병기가 받아들여진 데에는 상업성 추구의 기준에서 한국 시장의 차지하는 위상이 고려되었겠지만, 기본적으로는 그 명칭의 타당함이 인정되었기 때문이다. 한국 정부와 민간의 홍보와 설득이 있었음은 물론이다.

　지도집의 표기가 중요한 것은 이것이 지리와 역사 교과서에 사용되는 명칭의 근거가 되기 때문이다. 교과서 출판사들은 지도제작사와 전략적

---

9) 예를 들어 East Sea를 병기하는 출판사로서 Oxford University Press(영국), National Geographic(미국), Phillip's(영국), Michelin(프랑스), The Times(영국), Westermann Verlag(독일), Larousse(프랑스), Sea of Japan을 단독 표기하는 출판사로서 Reader's Digest(미국), Penguin Group(영국), Macmillan(영국), CCC Maps(캐나다), ADAC(독일) 등을 나열하고 각각을 지속적으로 추적하는 것이다.

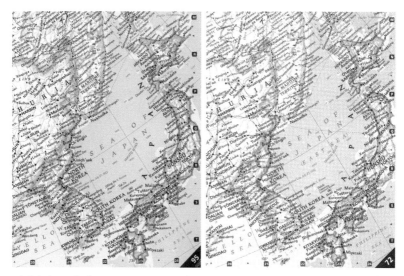

내셔널지오그래픽(National Geographic)이 발행한 *The Atlas of the World*의 동아시아 부분. 동해 수역이 Sea of Japan 단독 표기(왼쪽 제7판, 1999년 발간)에서 East Sea를 괄호에 병기한 표기(오른쪽 제8판, 2004년 10월)로 바뀐 것을 볼 수 있다. 내셔널지오그래픽이 1999년 2월에 채택한 동해 수역의 병기 정책을 비로소 실행하기 시작한 것이다. 이 변화는 2003년부터 병기를 받아들인 영미권 지도 출판계의 흐름을 반영한 것으로서, 이후 큰 영향력을 미친 것으로 평가된다. 그러나 독도에 '다케시마'를 병기한 것은 해결해야 할 큰 숙제를 던져 주었다.

출처: National Geographic, *The Atlas of the World*, 제7판(1999), 제8판(2004).

제휴를 맺고 지도를 사용하는 경우가 많다. 예를 들어 교과서를 출판하는 프렌티스홀의 피어슨(Prentice Hall Pearson)과 홀트맥두걸(Holt Mc-Dougal)은 지도제작사 랜드맥널리(Rand McNally)에서, 와일리(Wiley)는 내셔널지오그래픽(National Geographic)에서, 그리고 맥그로힐(Mc-Graw Hill)은 양쪽 모두에서 지도를 공급받는다(Choi, 2011). 교과서 출판사는 공급받은 지도에 근거해서 저자들에게 명칭 사용을 제안한다. 저자들은 일정 범위 내에서 명칭 사용에 자율권을 부여받지만, 출판사의 가이드라인을 벗어나기는 어려워 보인다. 그러나 저자의 성향과 확신의 정

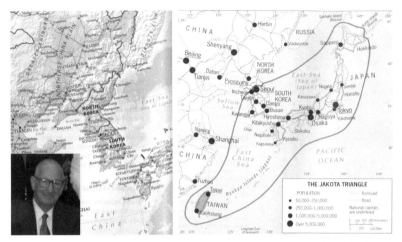

미국 대학 교재에 포함된 도면에 East Sea를 쓰고 Sea of Japan을 괄호에 병기한 사례. 주
저자인 지리학자 드 블라이에(Harm de Blij) 교수는 이기석 교수와의 인연으로 East Sea
를 알게 되었다고 그의 유명한 책 *Why Geography Matters*(2005) 도입 부분에 밝힌다.
그는 어린 시절을 보낸 네덜란드에서 독일이 행한 부적절한 행위에 큰 충격을 받았다고 적
는다. 그가 쓴 교재에 나오는 네 개의 동아시아 지도(일본에 대한 주제도 포함)는 동해 수역
을 모두 같은 방식으로 표기한다. 왼쪽 아래 사진은 앞서 언급한 미국 교사 연수 프로그램의
2012년 행사에 특별 초청되어 내한했던 그의 모습이다. 아쉽게도 그는 2014년 3월, 79세
의 일기로 타계했다.

출처: H.J.de Blij, et al. 2010, *Geography of the World*, 4th ed. Wiley.
사진 ⓒ 동북아역사재단, 2012. 7. 18.

도에 따라 다른 표기도 가능하므로 교과서 집필자에서 명칭의 의미에 대
하여 정확하게 전달하는 것은 여전히 중요하다.

인터넷 지도의 강자 구글

동해 표기 때문에 곤욕을 치른 외국 브랜드 기업은 1장에 소개한 이케아
말고도 여럿 보도된다. 자라(ZARA), 에이치엔엠(H&M), 맥(MAC) 등이
다. 의류, 패션, 화장품 등으로 소비자에게 가깝게 다가가기 위해 매장의
위치를 편히 알리는 것이 필요했던 이들 기업은 인터넷 지도 서비스와 연

계해 정보를 제공했다. 그러나 자국 기반의 구글맵을 이용한 것이 문제였
다. 한국 소비자에게 동해를 Sea of Japan, 심지어 한국어로 '일본해'라 알
리는 일이 발생했다. 거대한 비난에 이들은 바로 연결 시스템을 구글 코리
아 또는 한국의 토착 검색엔진이 제공하는 지도 서비스로 교체했다.

종이 지도의 표기는 여전히 중요한 위상으로 남아 있지만 일반인, 일반
기업의 손에는 인터넷 지도, 모바일 지도가 더 가까이 다가와 있다. 위의
해프닝에서 보듯 인터넷 지도, 특히 구글맵은 다수의 사용자가 주저 없이
자연스럽게 사용할 정도로 그 위력이 대단하다. 명칭을 알리려고 하는 주
체로서는 구글맵을 잡는 것이 무엇보다 중요해졌다.

현재 구글 지도는 어느 나라에서 접속하는지가 어떤 명칭을 보여 주는
지의 기준이 되어 있다. 한국에서 접속하면 한국어로 동해, 영어로 East
Sea, 프랑스어 Mer de l'Est, 심지어 일본어에서도 東海가 나타난다. 반면
에 영국, 미국, 호주, 핀란드에서 각각 접속하면 영어로 Sea of Japan, 한
국어로는 일본해가 보인다.[10] 이들 국가에서 지도를 몇 차례 확대하면 괄
호에 East Sea 또는 동해가 나타난다. 그러나 한국에서 접속하면 어떤 언
어에서도 일본해에 해당하는 명칭은 나오지 않는다.

이러한 구글맵의 표기 방식은 내부 정책의 결정에 의한다. 구글은 정치
적 문제를 다루기 위한 부서를 두고 있는데, 국가 간 지명 분쟁도 이 부서
의 소관으로 알려져 있다.[11] 이 부서의 담당자는 2007년 이래 유엔지명회
의에 옵서버로 참여하여 지명 표준화 관련 추세를 업데이트하고 있다. 한

---

10) 필자가 확인한 것은 이 네 나라다. 다른 국가에서도 같은 패턴을 보이지 않을까 예측한다. 앞
   의 사례에서 외국 브랜드 기업에 일본해가 나타난 것은 본사 소재국의 시스템에 접속했기 때
   문이 아닌가 추측한다.
11) 2008년 4월, 샌프란시스코에서 유엔지명전문가그룹 워킹그룹 회의에 참여한 전문가들은
   인근의 구글 캠퍼스를 방문하여 정치적 이슈를 다루는 담당자와 워크숍을 가진 바 있다.

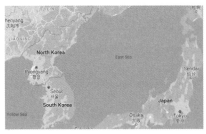

(a) 한국에서 영어 구글에 접속: **East Sea**

※여러 번 확대해도 Sea of Japan이 나오지 않음
　(접속일 2021. 2. 14.)

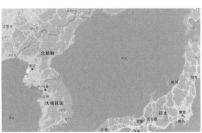

(b) 한국에서 일본어 구글에 접속: **東海**

※여러 번 확대해도 日本海가 나오지 않음
　(접속일 2021. 3. 16.)

(c) 영국에서 한국어 운영체계 컴퓨터로 접속:
　일본해

※몇 차례 확대하면 **일본해(동해)**로 나옴
　(접속일 2019. 11. 21.)

(d) 핀란드에서 한국어 운영체계 컴퓨터로 접속
　하여 몇 차례 확대: **일본해(동해)**

※초기 화면에서 몇 차례 확대까지 **일본해**로 나옴
　(접속일 2018. 7. 30.)

구글맵은 현재 접속 국가에 따라 차별화된 명칭을 보여 주는 정책을 채택하고 있다. 위 사례는 한국에서 접속한 경우 (a)와 (b), 영국에서 접속한 경우 (c), 핀란드에서 접속한 경우 (d)를 보여 준다. 가장 당혹스러운 것은 (c)와 같이 내 노트북 컴퓨터로 구글맵을 띄웠을 때 한글로 된 '일본해'를 만날 때다. 한국에서 접속하면 확대를 계속해도 '일본해'가 나오지 않는 것이 재미있다.

자료: Google Map

국의 국제표기명칭대사 역시 이 부서를 수차례 방문하여 동해 표기 문제의 현황과 한국의 입장을 전달해 왔다.

　그렇다면 한국은 구글의 정책에 만족할 수 있는가? 현재 한국의 공식 입장은 동해를 병기하자는 것이므로, 이를 균형 있게 실현하는 방안을 제안하는 것이 필요하다고 본다. 세계 각국에서 구글맵에 접속할 때 첫 화면부터 East Sea를 보이게 하는 것을 가장 동등한 표기법의 타깃으로 놓고 그 중간 지점을 좁혀가는 것이다. 괄호에 든 동해가 나오게 하는 확대의 회수를 줄이는 것은 그 한 방법이다. 좀 더 보편성을 추구한다면, 한국에서 보이는 지도에서 일본해를 병기하는 방법도 제안할 수 있으리라 본다.

구글을 포함한 인터넷 매체에서 지향하는 것은 지도 사용 환경의 맥락에 맞추어, 즉 지도의 어떤 부분을 어떤 스케일로 나타내는지에 따라 지명을 유연하게 전환하면서 다양한 정체성을 수용하는 새로운 기술적 규범을 만들어 가는 일로 연결된다(주성재, 2021b). 이것은 지명 사용의 유연성을 줄 수 있는 디지털 기술의 혜택이 될 것이다(10장 참조).

언론은 어떤 명칭을 사용하는가

또 다른 중요한 명칭 사용의 영역으로서 언론에 주목할 때, 한반도 관련 사건과 이슈 보도에서 동해가 어떻게 언급되는지를 관찰하는 것은 좋은 방법이다. 특히 최근 몇 년간 국제적인 관심을 끈 북한의 연이은 미사일 발사는 동해를 방향으로 함으로써 그 관찰을 용이하게 했다.

방송 뉴스 CNN(미국)과 BBC(영국), 신문 워싱턴포스트(미국)를 사례로 살펴보자. 이들 언론 매체가 East Sea를 사용한 것은 그리 오래되지 않았다. 방송 삽입 도면에서 어떤 명칭도 쓰지 않았던 몇 경우[12]를 제외하고는 Sea of Japan 단독 표기를 고수했던 CNN은 2017년 이래 East Sea를 함께 언급하는 것으로 관찰된다. 한국으로서 가장 진전된 형태는 2019년 7월의 "일본해로도 알려진 동해"라는 언급과 도면에 표기된 동등한 위상의 병기(Sea of Japan/East Sea)였다. 그러나 2020년 11월 기사에는 "동해

---

12) 2002년 한일 월드컵, 2014년 세월호 사고 보도가 대표적이다.

로도 알려진 일본해"라는 이전 방식으로 돌아갔고 표제는 Sea of Japan으로 썼다.

공영방송인 BBC는 2017년 이래 "일본해로도 알려진 동해"를 고수하고 있다. 표제 역시 두 이름을 함께 언급하든가 고유 명칭을 빼고 단지 'sea'라고 씀으로써 중립을 유지하려는 흔적이 보인다. 반면에 워싱턴포스트는 2020년 11월 이래 "동해로도 알려진 일본해"를 사용한다. 이는 2016년 3월의 "일본해 또는 동해"에서 약간 후퇴한 것이다.

각 언론 매체가 어떤 원칙에 의해 지명을 사용하는지는 알려져 있지 않다. 추측할 수 있는 것은 한반도 관련 기사에는 동해를 우선 언급(BBC), 남북한 이슈가 아닌 것은 일본해를 우선 언급(CNN 2020년 11월), 자국 지명위원회가 채택한 관용 지명을 우선 언급(워싱턴포스트) 등이다. 각 방송사와 언론사 내부에 일관된 원칙이 있는지, 리포터의 영향력은 작용할 수 있는지도 미지수다.

그러나 기본적으로 주요 매체에서 East Sea 명칭에 주목하여 어떤 형태로든 이를 언급한다는 것은 한국으로서는 매우 긍정적인 변화다. 풍성한 정보를 가진, 정확하고 균형 있는 보도를 지향하는 언론으로서는 무시할 수 없는 명칭이 된 것이다. 중요한 것은 언론인, 방송인의 어휘 속에 East Sea가 자리 잡았다는 점이다. 워싱턴 포스트에서 49년간 부편집인으로 일한 우드워드(Bob Woodward)가 트럼프 대통령과의 인터뷰를 바탕으로 발간한 책에 East Sea를 단독 표기한 것(Woodward, 2020, 76)[13]은 그의 머릿속에 있었던 명칭을 개인 저서에 꺼내 놓은 것일 수도 있다.

---

13) 그의 문구는 다음과 같다. "한국의 군은 자신의 실탄 연습용 미사일을 동해로 발사했다(The South Korean military conducted its own live-fire exercise missile into the East Sea)."

[표 7-1] 2016년 이후 CNN, BBC, 워싱턴포스트 기사의 동해에 대한 언급

언론 매체	날짜	기사 주제	동해 표기
CNN	2017. 3. 7.	북한의 미사일 발사	• the Sea of Japan, also known as the EastSea(동해로도 알려진 일본해) • 표제와 도면에는 Sea of Japan
	2019. 7. 27.	북한의 미사일 발사	• the East Sea, also known as the Sea of Japan(일본해로도 알려진 동해) • 도면에는 Sea of Japan/East Sea
	2020. 11. 24.	미국에 대한 러시아의 영토 침입 의혹 제기	• the Sea of Japan, also known as the EastSea(동해로도 알려진 일본해) • 표제에는 Sea of Japan
BBC	2017. 9. 4.	북한의 핵 위협에 대한 미국의 경고	• the East Sea, also known as the Sea of Japan(일본해로도 알려진 동해)
	2019. 10. 31.	북한의 미사일 발사	• the East Sea, also known as the Sea of Japan(일본해로도 알려진 동해) • 표제에는 Sea of Japan/East Sea
	2020. 3. 21.	북한의 발사체 발사	• the East Sea, also known as the Sea of Japan(일본해로도 알려진 동해) • 표제에는 sea
워싱턴 포스트	2016. 3. 3.	북한의 발사체 발사	• Sea of Japan, or East Sea(일본해 또는 동해)
	2020. 11. 25.	미국에 대한 러시아의 영토 침입 의혹 제기	• the Sea of Japan, also known as the EastSea(동해로도 알려진 일본해)
	2021. 1. 19.	바이든 취임과 북한의 미사일 발사 가능성	• the Sea of Japan, also known as the EastSea(동해로도 알려진 일본해)

시용자 공통의 지향성: 균형 있는 정보 제공으로 알 권리를 충족

지명의 중요한 사용 영역인 교육, 출판, 언론은 최종 소비자에게 서비스를 제공하는 중간 매체라는 공통점을 갖는다. 바로 교사와 학생, 독자와 청취자다. 이 분야의 각 주체가 동해 수역 표기에 주목하고 실행 가능한 변화를 추구한다는 것은 최종 소비자에게 양질의 서비스 상품을 제공하려는 노력이라고 이해된다. 동해 명칭 확산을 위한 활동이 현재 정상 궤도에 진

입해 있다는 것으로 해석하는 것이 마땅하다.

  그것은 균형 있는 정보를 제공함으로써 소비자의 알 권리를 충족시키는 것이라 요약할 수 있다. 학생들은 각각의 정체성을 가진 두 이름이 존재하는 것을 알고 그 공존을 위한 고민에 동참할 권리가 있다. 지도의 독자는 사용되는 지명을 모두 표기한 풍성한 정보를 가진 지도를 보면서 원하는 곳을 찾을 수 있어야 한다. 보도에 접하는 시민들은 어디서 어떤 일이 일어났는지를 현지인의 시각에서 알고 느낄 수 있기를 기대한다.

  동해 병기의 필요성은 이렇게 보편적 타당성의 문제로 발전하고 있다. 오랜 역사와 문화적 배경을 바탕으로 지명을 만들고 쓰는 사람뿐 아니라 고유한 의미가 담긴 지명을 받아 사용하는 외부의 사람도 이에 관한 정확한 정보를 아는 것은 인류 보편의 가치를 실행하는 일이다. 제3부에서는 동해 담론이 어떻게 발전해 왔는지를 살펴본다.

제3부
동해/일본해 논의의 발전

8장. 사회정의와 평화 담론과 동해 병기

사회정의와 지명 사용

2014년 6월 12일 오전, 미국의 수도 워싱턴에 있는 존스홉킨스대학 국제 관계대학원(SAIS) 강당. 100여 명의 청중과 함께 동해/일본해 명칭에 관한 토론회가 시작되었다. 미국과 한국의 지명, 국제 관계, 국제법 전문가가 한자리에 모였다. 미국 국무부 직원과 일본 외교관의 모습도 보였고, 한국과 일본 국영 방송의 카메라도 포진해 있었다. 뉴욕과 시카고의 한인 대표도 초청되었다.

이 자리의 화두는 단연 사회정의(social justice)였다. 다른 정체성을 가진 두 이름을 존중하는 것은 사회정의를 실현하는 길이고 교육에서 사회정의는 매우 중요한 가치이므로, 미국 교육에서 동해 병기가 가시화되는 것은 정당성을 부여받는 바람직한 흐름이라는 점이었다. 웨스턴미시건대학 스톨트먼(Joseph Stoltman) 교수는 전날 미국 주요 인사 초청 만찬에서 했던 발언을 반복하여, 동해 지명 이슈는 사회정의 주제와 연결하여 미

동해연구회는 2014년 6월, 미국 워싱턴에서 존스홉킨스대학 국제관계대학원과 공동으로 미국 여론 주도층을 대상으로 하는 워크숍을 개최했다. 이 자리에서 스톨트먼 교수는 사회 정의 관점에서 동해 표기를 바라보는 미국의 분위기를 전했고, 필자는 가장 가능한 대안이 두 명칭을 함께 쓰는 것임을 강조했다.
ⓒ 《연합뉴스》, 2014. 6. 12.

국 지리, 일반사회, 역사 과목 교육과정의 한 부분으로 다룰 가치가 있다고 말했다.

토론자들도 같은 맥락으로 발언을 이어갔다. 코네티컷대학 더든(Alexis Dudden) 교수는 동해 수역에 대해 미국 학생들에게 왜 두 개의 명칭이 경쟁하고 있는지 가르치는 것은 가치 있다고 했다. 메릴랜드대학 쇼트(John R. Short) 교수는 식민 유산으로 남겨진 일본해 표기가 한국인들에게 상처를 준다고 거들었다. 이러한 분위기는 현장에서 일본해가 국제적으로 정착된 유일한 명칭이라고 강변한 일본 외교관의 발언을 무색하게 만들었다.

동해 명칭 문제는 이렇게 사회정의 담론의 지원을 받게 되었다. '공정으로서의 정의(justice as fairness)' 관점으로 동해/일본해 표기를 보아야 한다고 던져진 화두(Choi, 2005)를 발전시키는 계기가 만들어졌다. 이것은 동해 표기가 한민족에게만 해당하는 문제가 아니라 인류 보편의 가치를 실행하는 일이라는 확고한 위치로 올려놓은 의미 있는 발걸음이었다.

동해 병기가 사회정의와 평화를 실현하는 길

사회정의에 대해서는 다양한 논의가 있지만, 필자는 "정당한 몫을 배분함으로써 어느 한 편을 일방적으로 부당하게 희생시키지 않고 모든 관련자의 공정한 이익을 고려하는 것"으로 정리하고자 한다. 키워드는 '정당한 몫,' '모든 관련자,' '공정한 이익'이다.

지명 표기가 사회정의와 만나는 부분은 이 세 가지 키워드로 설명된다. 어떤 지형물이나 장소를 접하고 있는 사람들이 그 친근한 대상에 대한 감정과 기억이 담겨 있는 명칭을 사용하고 존중받는 것은 정당한 몫을 배분하는 일이다. 모든 관련자를 돌봐야 하므로 어떤 하나의 명칭을 희생하는 것은 바람직하지 않다. 각각의 독특한 정체성이 쌓여 있는 모든 명칭을 인정하고 사용하는 것은 공정한 이익을 실행하는 길이다. 이러한 세 가지 기준에 합당한 해법은 복수의 명칭을 함께 쓰는 것이다.

동해 수역에 두 이름을 함께 쓰는 것이 사회정의를 실현하는 길이라는 논지는 이 틀로 명확해진다. 동해는 한민족이 오랫동안 접해 오며 감정과 기억을 축적해 온 바다이자 이름이다(9장 참조). 일본해에도 그 바다와 인연을 맺어온 일본인들의 정서가 담겨 있으리라 짐작한다. 따라서 어떠한 이름도 무시해서는 안 되며, 각각의 정체성이 담긴 두 이름을 모두 인정하고 사용하는 것이 공정한 이익을 창출하는 방법이다. 즉 동해(와 그 의미를 가진 각 언어의 표기)를 일본해(와 그 의미를 가진 각 언어의 표기)와 함께 쓰는 것이 사회정의의 실현이다.

스톨트먼 교수는 사회정의가 실현되어야 하는 국가 사이의 이슈로서 공유하는 지형물에 대한 명칭의 병기 또는 병용과 함께 수자원의 공동 관리와 사용의 사례를 든다(Stoltman, 2017). 그는 유엔 자료를 인용하여

1955년과 2005년 사이에 국가 간 수자원 이용과 관련된 갈등과 규칙 위반이 총 37회 있었는데, 150개가 되는 협약을 통해 더 많이 있을 수도 있었던 문제를 해결했음을 전달한다. 이 해결 과정에 작동했던 기제, 즉 평화를 실현하기 위한 외교적 토론, 사회적 대화, 도덕적 기준 준수가 지명 분쟁을 해결하는 데에는 과연 적용될 수 없는가라는 문제를 제기한다.

사회정의와 함께 언급되는 평화는 갈등이나 분쟁의 해결이 가져오는 가치를 실현하는 일이라는 사실에 보다 집중한다. 스톨트먼 교수의 다음 언급은 주목할 만하다.

"평화는 전쟁 없음(no war) 이상의 가치입니다. 평화를 달성하는 것은 분쟁을 해결하는 데에 달려 있고, 그중에서 중요한 것은 지명을 둘러싼 국가 간 분쟁입니다. 동해/일본해 병기는 이웃 국가 간 국제 관계와 국제 협력에서 상호 혜택을 창출하고 좋은 뜻을 도모하게 할 것이며, 각 이름에 담겨 있는 문화유산을 유지해 나갈 것입니다(Stoltman, 2016, 16)."

오스트리아학술원 하우스너(Isolde Hausner) 교수는 두 이름 각각이 갖는 브랜드를 부각함으로써 평화의 가치를 배가할 수 있음을 강조해 눈길을 끌었다. 즉 East Sea 또는 동해는 정치색이 없는 브랜드로, Sea of Japan 또는 日本海(니혼카이)는 우세하게 사용되었던 기억의 브랜드로 간주함으로써 공정한 균형을 이룰 수 있다는 것이다(Hausner, 2017). 그녀는 두 이름을 함께 사용함으로 인해 두 나라 각 국민의 머릿속에 공간 정체성을 형성하는 내러티브가 양측에서 동시에 유지되고, 결과적으로 역사에 대한 이러한 새로운 접근에 의해 사회정의와 공간정의가 성취된다는 주장을 덧붙인다.

Achieving Peace and Justice Through Geographical Naming
Proceedings of the 23rd International Seminar on Sea Names
Berlin, Germany, 22-25 October 2017
지명을 통한 평화와 정의의 달성
제23회 동해 지명과 바다 이름에 관한 국제세미나 발표논문집
독일 베를린, 2017. 10. 22.~25.
The Society for East Sea
사단법인 동해연구회
Seoul 2017

Dual Naming:
Feasibility and Benefits
Proceedings of the 24th International Seminar on Sea Names
Gangneung, Gangwon-do, Korea, 26-29 August 2018
두 개 지명의 사용: 가능성과 혜택
제24회 동해 지명과 바다 이름에 관한 국제세미나 발표논문집
대한민국 강원도 강릉시, 2018. 8. 26.~29.
The Society for East Sea
사단법인 동해연구회
Seoul 2018

동해연구회가 매년 주최하는 바다 이름 국제세미나는 동해 표기 이슈를 큰 담론의 맥락에서 논의하려는 노력을 계속하고 있다. 이 세미나의 제23회 대회(2017)와 제24회 대회(2018)의 주제는 각각 '지명을 통한 평화와 정의의 달성'과 '두 개 지명의 사용: 가능성과 혜택'이었다. 동해를 함께 쓰는 것이 평화와 정의를 달성하는 길이며 관련국뿐 아니라 국제사회에 혜택을 가져올 것이라는 점을 부각하기 위함이었다. 평화를 논의한 장소는 독일 통일과 평화의 상징인 베를린이었고, 문제 해결의 혜택을 생각한 곳은 일본과 바다를 마주하고 있는 동해안의 강릉이었다.

출처: 동해연구회 각 연도 논문집 표지.

사회정의와 평화 달성의 혜택

두 이름을 함께 사용함으로써 사회정의와 평화를 달성할 수 있으려면, 그 실행이 당사국과 국제사회 모두에 혜택을 준다는 확신이 필요하다. 이 중요한 포인트를 먼저 제기한 것은 일본 학자였다. 도쿄대학의 키미야 타다시(木宮正史) 교수는 제22회 바다 이름 국제세미나에 초청되어 다음과 같은 현실적인 제안을 했다.

"한국이 동해를 함께 표기하자고 하려면 일본과 세계에게 그러한 도전(두 이름을 함께 쓰는 것)이 가져다줄 혜택을 설명함으로써 그 도전을 이해하고 받아들이고 축하할 수 있도록 해야 합니다(Kimiya, 2016, 191)."

필자는 같은 세미나의 결론에서 이 제안이 병기를 통한 평화 달성 과정에서 제기된 매우 중요한 포인트임을 재확인하고 앞으로 진행될 표기 논의에서 이 주제를 심도 깊게 논의할 것을 제안했다(Choo, 2016, 226). Sea of Japan이 이미 국제적으로 더 많이 사용되고 있는 현실에서 일본이 한국의 제안을 받아들이는 동기를 만들어 가는 것이 필요하다는 점에 주목한 것이다.

이렇게 제기된 '혜택'에 대한 논의는 현재 진행 중이다. 스톨트먼 교수는 다음 두 해 동안 이 주제에 집중하여 일본과 한국이 가져갈 혜택을 다음과 같이 종합적으로 정리했다(Stoltman, 2018, 25-26).

두 이름을 함께 사용함으로써,

- 일본은 동북아시아의 조화를 이루는 데에 필요한 단계를 밟고 있다는 것으로 세계의 눈에 비춰질 것이다.
- 일본은 동북아시아에서 민주공화국의 가치를 공유하는 유일한 국가인 한국과 강력한 지역적 국제 관계를 새롭게 해나가는 데에 한걸음 진전해 나가는 셈이 될 것이다.
- 일본은 아시아 식민지 역사로부터의 윤리적 회복을 위한 진전의 모습을 보임으로써 오래된 이슈를 해결하는 셈이 될 것이다.
- 병기 이슈의 종말은 외교적 안도가 될 것이다. 두 나라는 동해 수역의 생태적 조건으로부터 파생되는 다른 중요한 이슈를 다룰 수 있게 될 것이다. 한국과의 외교 관계는 개선될 것이다.

두 이름을 함께 사용함으로써,

- 한국은 오랫동안 품어 왔던 동해 명칭에 대한 애착을 실현하게 될 것이며, 동시에 지도와 문서에 일본해가 일반적으로 사용되어 온 추세를 인식하게 될 것이다.
- 한국은 동북아시아의 조화를 이루는 데에 필요한 외교적 단계를 밟고 있다는 것으로 세계의 눈에 비춰질 것이다.
- 한국은 사회정의가 실현되고 있다는 깨달음에 더욱 가까이 다가갈 것이다.
- 문제가 해결되면 일본과의 외교 관계는 개선될 것이다. 동해 수역은 양국 간 상호 책임의 대상으로서 더욱 순조롭게 다룰 수 있을 것이다.

병기를 도입하더라도 일본으로서는 일본해가 기득권을 갖고 역사적 기억에 남을 것이라는 점이 언급되었고(Hausner, 2017), 분쟁의 해결을 위한 어떤 진전이라도 모든 관련 국가에게 에너지와 기회비용을 절약하게 하는 현실적인 효과가 있을 것이라는 점이 지적되기도 했다(Choo, 2017).

이러한 혜택 논의는 연이은 세미나 참석자들의 환영을 받았다. 그러나 일본이 이 이슈를 해결하지 않음으로써 얻을 혜택 역시 고려해야 할 것이며(Yorgason, 2018), 추상적이고 가치 지향적인 한계에서 벗어나 가시적인 측면의 어떤 혜택이 있는지 구체화하는 것이 필요하다는 의견도 개진되었다(Oh, 2017). 공통된 의견은 일본 전문가와 더 심층적이고 진전된 형태의 대화가 필요하다는 것이었다.

두 이름 사용에 대한 반론도 존재한다

두 이름을 함께 사용하자는 제안에 대한 반대 논리를 극복하는 것은 이를 통해 사회정의와 평화를 추구하는 과정에서 중요한 고려사항이다. 폴 우드만 영국지명위원회 전 사무총장은 두 이름 사용이 본질적으로 정치적 속성을 갖게 되며, East Sea의 병기는 이전에 존재하지 않았던 새로운 수준으로 이러한 정치적 측면을 끌어 올리는 문제를 일으킬 것이라 지적했다(Woodman, 2017). 그러나 그는 한국의 초기 문제 제기가 그들의 이름을 알림으로써 국제사회에 균형 잡힌 지식을 전달하려 했다는 점을 간과했고, 오히려 단독 표기가 분쟁의 상황을 더 심하게 지속시킬 것이라는 점을 놓쳤다(Choo, 2018).

정치지리학자인 경희대 지상현 교수는 병기 제안에 대한 기존의 반론을 두 가지로 유형화하고 이에 대한 적절한 대응을 제공한다(Chi, 2017). 그 하나는 동해 수역의 병기를 수용하면 분쟁의 소지가 잠재된 다른 수역을 연쇄적으로 자극해 걷잡을 수 없는 일이 벌어진다는 예측으로서, 이를 '연쇄 반응 담론(chain reaction discourse)'이라 했다. 한 개 수역의 병기가 세계 지도를 복잡하고 엉망으로 만드는 시작이 될 것이라는 두려움을 내포한 것인데, 그는 이 두려움이라 하는 것이 실체가 없다고 일축한다.

또 하나는 병기가 항해의 혼란을 유발함으로써 안전 문제를 일으킬 것이라는 논지, '항해 혼란과 안전 담론(confusion and navigational safety discourse)'이다. 그는 호주 거주민이 원주민 명칭을 함께 사용할 때 전혀 혼란이 없다는 조사 결과를 인용하여 반론을 펼쳤다. 아울러 항해 현장에서는 좌표와 디지털 정보를 이용하므로 혼란과 안전 문제가 전혀 없다는 증거를 제시했다. 뒤의 포인트는 같은 세미나에 참석했던 한국과 독일의 예비역 해군 제독에 의해 확인되었다.

이렇게 두 이름을 함께 사용함으로써 사회정의와 평화를 달성하는 것은 여러 장애가 놓여 있는 멀고 험한 길이지만, 도전해 볼 충분한 가치가 있는 일이다. 그러면 그 혜택을 논의하는 일을 뛰어넘어 어떤 실행의 과정을 거쳐야 할까? 당사자 간 대화의 물꼬를 트는 것이 중요한 출발점임은 틀림없는 사실로 보인다.

스톨트먼 교수는 한국과 일본의 시민단체가 역할 수행에 나설 것을 제안한다(Stoltman, 2017; 2018). 그는 정해진 정책 기조에 의해 움직이는 정부 간 타협이 막혀 있는 상황에서, 태생적으로 평화와 인본주의 신념에 맞추어 일관성 있는 화합의 협약을 지향하는 시민단체의 속성에 주목한다. 정의, 인권, 도덕적 책임이라는 21세기 비전을 공유하는 민주 시민 사이에서, 시민단체가 소극적인 주변부 주체라는 기존의 인식을 깨고 두 이름 공존에 대한 대화를 풀어갈 것을 제안한다. 그리고 그 주제는 문제 해결의 혜택에 집중하여 다른 사소한 문제로 분산하지 말 것을 주문한다.

교육 매체를 매개로 한 대화도 충분히 시작해 볼 일이라 본다. 교육이 추구하는 다양성의 가치는 각 정체성이 담긴 명칭을 존중해야 한다는 당위성으로 자연스럽게 연결될 수 있다. 이것은 미국 버지니아주와 뉴욕주의 교육 철학 전통에 기반하여 두 이름을 함께 언급할 것을 규정하는 제도로 이어졌다(7장 참조). 한국과 일본의 교육자들이 이 문제를 놓고 함께 머리를 맞대고 대화할 수 있는 날이 오기를 기대한다.

지명 병기의 실질적 방법으로 이어진 사회정의와 평화 담론

동해 명칭에 대한 강의를 진행할 때 받는 질문 중의 하나는 괄호에 들어

간 East Sea가 충분한 병기의 방법인지, 이것을 병기의 사례로 카운트하는 것이 맞는지 하는 것이다. 매우 날카로운 질문이다. 충분하지 않은 것은 사실이지만 아무 표기도 없던 상태에서 괄호에라도 들어가 표시된 것은 큰 진전이라는 것이 대답이다. 이후에 괄호에서 끄집어내 동등한 위상으로 표기되는 것까지를 목표로 삼자고 덧붙인다.

두 명칭을 함께 사용함으로써 사회정의와 평화를 달성하려면 하나의 명칭이 정(正)이고 다른 명칭이 부(副)라는 인상을 지우고 두 명칭을 동등하게 취급하는 노력을 기울이는 것이 맞다. 병기 방법의 여러 경우와 각각의 의미에 대해서는 동해 표기 연구의 초기부터 관심을 끌었던 주제다(주성재, 2005). 어떤 병기의 방법이라도 두 이름의 균형을 맞추기는 어렵다는 문제를 들어 이것이 최종적인 적절한 해법인지에 대한 의문을 제기하기도 한다.

필자는 두 명칭이 갖는 균형의 정도에 따라 동해 수역의 표기 방법을 하나의 연속체로 보는 이해의 틀을 제시했다(Choo, 2014; 2018). 한쪽 끝에 동해 단독 표기, 다른 한쪽 끝에 일본해 단독 표기가 있고 중앙에 균형을 잡는 무게 중심점이 있다면, 이 중앙 지점이 동등한 두 이름의 병기가 실현되는 곳이라고 보는 것이다. 현재의 추세는 오른쪽 끝의 일본해 단독 표기 지점에서 점점 중앙으로 이동하는 것으로 정리할 수 있다. 그러나 어떤 표기는 중앙을 넘어 동해가 우세한 위상을 차지하기도 하고(대표적으로 미국 드 블라이에 교수의 East Sea 우선 표기, 7장 참조), 왼쪽 끝의 동해 단독 표기를 채택하는 경우도 있다(대표적으로 이탈리아 리플로글 글로브Replogle Globes가 제작하는 지구본).

균형을 이루는 중앙의 표기 내에서도 이름 나열의 순서와 방식에 따라 몇 가지 유형이 있다(주성재, 2005). 어떤 이름을 먼저 쓸 것인가에 대해 두 명칭을 함께 사용하는 것은 균형의 정도를 기준으로 하나의 연속체로 볼 수 있다. 왼쪽 끝은 동해 단독 표기, 오른쪽 끝은 일본해 단독 표기, 가운데가 동등한 병기가 이루어지는 지점이다. 진정한 사회정의와 평화를 이루는 지점은 가운데이겠지만, 4에 해당하는 표기(괄호에 East Sea)도 변화의 시작이라는 의미를 갖는다. 그러나 5에 경도된 표기는 한국으로서는 수용하기 어렵다. 국제수로기구가 제안했던 East Sea의 부록 수록 제안이 이에 해당한다(5장 참조).

출처: Choo(2018).

서는 기존 사용 관례의 기득권 인정, 알파벳 순서, 그리고 왼쪽을 먼저 인식하는 관례에 따른 왼쪽 국가 명칭 우선 표기 등의 기준이 있다. 두 이름 구분의 방식에는 슬래시(/) 사용, 줄 바꿈, 명칭 사용하는 곳에 각각 표기 등의 방법이 있다.

그러면 이 연속체 위의 어떤 지점이 진정한 사회정의와 평화를 달성하는 곳이라 할 수 있을까? 그 대답은 쉽지 않다. 두 이름에 동등한 위상을 부여하는 중앙 지점이 목표의 달성 지점이라 보는 것은 분명하지만, 그렇다고 괄호에 들어간 East Sea(다이어그램에서 4에 해당하는 부분)의 의미를 축소해야 할까? 필자는 지명 사용자, 즉 지도제작사의 표기 정책과 지명 사용의 맥락, 관련 양국의 수용 가능성 등을 종합적으로 고려하여 이 이슈를 바라봐야 한다고 생각한다.

제작사의 정책에 따라 기존 지도에 표기된 명칭을 먼저 쓰고 동해는 괄호 안에 들어갈 정도로의 위상으로 인정될 수 있다. 한국으로서는 아직 아쉽지만, 괄호에라도 들어가 지도에 자리 잡았다는 것을 의미 있는 출발점으로 삼을 수 있다. 어떤 진전도 아무 진전이 없는 것보다는 낫다. 중요한 것은 이 출발점을 바탕으로 한걸음씩 나아가기 위한 대화와 타협, 그리고

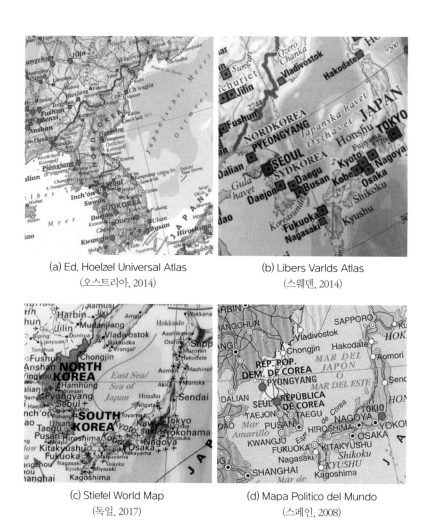

(a) Ed. Hoelzel Universal Atlas
(오스트리아, 2014)

(b) Libers Varlds Atlas
(스웨덴, 2014)

(c) Stiefel World Map
(독일, 2017)

(d) Mapa Politico del Mundo
(스페인, 2008)

동해 수역의 동등한 표기 사례. (a), (b), (c)는 슬래시(/)로, (d)는 줄 바꿈으로 두 이름을 병기했다.

교섭과 설득이다.

한가지 희망적인 것은 디지털 지도의 보편화와 기술 발전이 두 이름을 동등하게 인정하고 사용하도록 하는 기술적 지원을 제공할 가능성을 높이고 있다는 점이다. 디지털로 구현되는 명칭은 유연성을 확보하며 시각

화될 수 있는 가능성을 충분히 갖고 있다고 보기 때문이다. 이에 대해서는 10장에서 다루기로 한다.

9장. 문화유산으로서 지명과 동해

이름 이상의 의미, 동해

2014년 10월, 제20회 바다 이름 국제세미나가 '바다, 바다 이름, 동아시아 평화'를 주제로 천년 고도 경주에서 개최되었다. 이틀의 학술 논의를 마치고 30여 명의 참가자는 하루 일정으로 경주 일대를 답사했다. '동해와 한국인의 삶'이라고 이름 붙여진 이 답사는 오전에 불국사와 석굴암의 문화 유적, 오후에 인근 감포의 동해 바다를 보고 느끼는 순서로 진행됐다.

답사의 하이라이트는 감은사(感恩寺) 터를 밟아보고 이견대(利見臺)에서 바다를 조망한 후 바닷가로 내려와 문무대왕릉을 직접 눈으로 보는 순서였다. 신라 통일을 완성하고 죽어서라도 용이 되어 나라를 지키고자 했던 문무대왕의 유언에 따라 만들어진 수중 왕릉, 그의 아들인 신문왕이 용이 된 선대왕이 드나들 수 있도록 바다와 물길로 연결한 감은사, 그리고 신문왕이 세상을 구하고 평화롭게 할 수 있는 검은 옥대와 만파식적(萬波息笛)이라는 피리를 용으로부터 받은 곳이라고 전해지는 이견대. 그 스토리는 대왕암의 모습을 보면서 완성되었고, 동해는 감동으로 마음속에 새겨졌다. 마침 등장한 화려한 의상의 무당이 대왕암을 보며 굿하는 모습은 인상적인 느낌을 배가했다.

답사는 세미나에 참석한 외국인들에게 동해 바다가 한국인에게 주는 의미를 그대로 전달하기에 충분했다. 그들은 직전에 있었던 세미나에서 한국 참가자들이 동해 명칭의 소중함에 왜 그리 열중했는지를 마음으로 이해할 수 있게 되었다고 이구동성으로 말했다.

동해 명칭의 역사를 전달하면서 이에 합당한 표기를 설득할 때 흔히 받는 질문은 단지 하나의 지명에 불과한 일에 왜 이리 집착하는지에 대한 것이다. 그때마다 동해는 생활의 터전이자 삶의 동반자로서 한국인의 정서와 감정이 녹아 있는, 문화와 정체성이 담긴 바다이자 이름이라고 거침없이 대답한다. 동해라는 바다와 이름은 매우 중요한 문화유산이라는 것, 이것이 동해 명칭의 정당성을 말하는 데에 필수적인 전제가 된다.

2014년 10월, 경주에서 개최된 바다 이름 국제세미나에 참석한 전문가들이 답사 중 봉길 해변의 문무대왕릉 앞에서 단체 사진을 찍었다. 동해는 문화유산이 담긴 바다이며 이름이라는 것을 확인하는 자리였다. 아랫줄 왼쪽에서 첫 번째, 카메라를 메고 있는 분이 다음 절에 소개된 이영춘 선생이다.
ⓒ 동해연구회, 2014. 10. 29.

문화유산으로서 동해 바다

동해연구회 부회장을 지낸 이영춘 전 국사편찬위원회 편사연구관은 본인이 가졌던 동해 신(神)과 끊을 수 없는 인연을 다음과 같이 전한다(Lee, 2015). 울산 가까이 동해안에서 30㎞ 떨어진 작은 농촌 마을에서 태어난 그는 유아기에 항상 이런저런 병을 달고 살아 걱정을 끼쳤다. 보다 못한 그의 조모는 그를 여왕 용에게 드리기로 결심하고 마을에 있는 용소(龍沼)라는 이름의 작은 연못으로 데리고 갔다. 시냇물과 연결되어 태화강을 거쳐 동해로 이어지는 이 연못으로 동해에 사는 여왕 용이 올라온다는 믿음이 있었기 때문이다.

　이른 새벽녘 조모는 제물과 함께 손자를 여왕 용에게 바치는 예식을 치렀다. "이 아이를 당신에게 드리니 받아주십시오. 이제부터 이 아이는 당신의 아들이니 돌봐주십시오"라는 기도가 드려졌다. 이제 용모(龍母)의 아들이 된 그는 '팔용'(용에게 팔린 아들이라는 뜻)이라는 이름을 부여받았고 매년 생일이 되면 할머니 손에 이끌려 용소에 가서 보이지 않는 용모에게 절을 했다. 신기하게도 그 이후 그는 건강하게 성장했고, 초등학교에 입학할 때 그의 원래 이름 '영춘'을 되찾았다. 바다와 수십 리 떨어진 그와 그의 가족에게도 동해에 있는 용신(龍神)은 생명을 지켜 준 은인이었던 것이다.

　강원도 삼척 육향산에는 동해를 조망하는 곳에 척주동해비(陟州東海碑)라는 비석이 세워져 있다. 조선 중기 학자이자 문신인 허목(許穆)은 삼척부사로 부임한 후 이 지역이 여름마다 홍수와 태풍으로 인한 피해가 심한 것을 보게 된다. 바람과 파도가 거센 동해 바다를 달래기 위해 그는 동해송(東海頌)을 짓고 전서체로 글을 써서 비석에 새겼다. 이 시의 첫 두

행은 다음과 같이 바다를 찬양한다.

큰 바다 끝없이 넓어 온갖 물이 모여드니, 그 큼이 끝이 없네.

瀛海浹瀁 百川朝宗 其大無窮.

동북쪽 사해여서, 밀물 썰물 없으므로, 대택이라 이름했네.

東北沙海 無潮無汐 號爲大澤.

동해는 두려움의 대상이었지만, 범접할 수 없는 신비한 자연으로서 찬양의 대상이기도 했다는 것을 알 수 있다. 전 근대 시대에 자연물을 숭배하는 것은 많은 민족에게 있던 일반적인 문화 현상이기는 하지만, 한국에

삼척부사로 부임한 허목 선생은 1661년 동해송을 짓고 이를 새긴 비석을 세워 동해 바다를 달래려 했다. 당초 만리도라는 돌섬에 세운 비석은 손상되어 1709년에 다시 세워졌고, 1969년 현재 위치인 육향산 동해비각 안으로 옮겨졌다(왼쪽). 비석 전면에 새긴 '척주동해비'의 전서체 글씨가 매우 독특하다(가운데). 핸드폰 카메라가 보편화된 시대에 동해 일출 촬영은 누구나 한 번쯤은 시도해 볼 만한 일로 여겨진다. 오른쪽은 포항 호미곶에서 '상생의 손'과 함께 찍은 일출 사진이다.
ⓒ 주성재, 2011. 6. 4.; 2020. 12. 4.

서 동해에 바쳤던 제사 의식은 매우 독특하고 중요한 문화 활동이라고 평가한다(Lee, 2015, 30). 이 관행은 지금도 이어져 동해 해돋이를 보며 소원을 비는 일은 여전히 소중한 문화로 자리 잡고 있다.

한민족이 동해와 맺은 인연은 신령한 것에 그치지 않는다. 동해는 풍부한 해산물을 제공해 주는 보고(寶庫)이며 관광과 여가의 공간이다. 수출지향의 산업화를 추구한 한국 경제에게 동해 연안은 세계와 연결하는 생산지이자 수출의 중심이었다. 고대 이래로 일본과 정신적, 물질적으로 교류가 이루어진 해상 항로였고 해안의 항구는 그 중요한 출발 지점이었다. 이렇게 동해는 풍성한 문화유산을 담은 바다가 되었다.

동해 명칭 역시 문화유산이다

유엔지명전문가그룹(UNGEGN)은 지명 표준화의 원칙과 절차, 그리고 이와 관련된 각국의 모범 사례를 공유하는 것을 목적으로 하는 국제기구다(5장 참조). 절차적 문제를 주로 다루는 이 기구에서 지명의 본질과 실체에 관해 공통의 관심을 쏟는 주제가 있는데, 그것이 '문화유산으로서 지명(geographical names as cultural heritage)'을 보는 관점이다. 같은 이름의 실무그룹이 있으며, 문화유산으로서 지명을 연구, 관리, 보전하는 정책의 각국 사례를 나누고 시사점을 찾는다.

한 사회의 역사, 민속, 사회, 경제, 정치 등 다양한 양상이 지명에 반영되어 있다는 사실이 이 관점의 핵심이다(주성재, 2018, 197). 이러한 문화유산의 요소를 가진 지명 중에서 사라질 위험에 있는 지명을 보전하기 위한 실질적 관리 방법을 찾기 원한다. 문화유산을 담은 지명을 확인하고 선별하는 일은 중요한 선행 요소이다. 시작은 세계 각 지역에 있는 소수 민족의 문화가 담긴, 그들의 언어로 표현된 지명을 보전하는 일이었다. 이에 따라 자국 내 소수 민족과 원주민 문화의 보전을 중요한 가치로 삼고 있는 핀란드, 호주, 뉴질랜드가 앞서갔고 그 흐름은 주요 국가로 확산했다.

그러면 동해 명칭을 문화유산으로 보는 근거는 무엇인가? 유엔지명전문가그룹 의장을 지낸 호주의 와트(William Watt)가 제안한 이해의 틀은 좋은 길잡이를 제공한다. 그는 지명에 담긴 문화유산의 요소가 네 가지 측면으로 구체화된다고 말한다(Watt, 2009, 21-23).

- 고향 의식: 어떤 장소에 이름을 부여하는 행위를 통해 공동체와 경관 사이에 창조되고 형성된 공간적 관계의 형성
- 기억과 기념: 각 지명이 보유하고 있는 이야기, 이미지, 기억, 기념의 대상
- 이동과 사회적 상호작용의 모습: 지명을 통한 사람과 문화의 이동 경로, 그리고 상호작용의 방향과 정도의 추적
- 사회적 태도에 대한 창: 특정 시점에서 어떤 사회가 지닌 사회적 태도의 반영

필자는 이 틀을 동해 명칭에 대입해 보았다(주성재, 2012, 878).

- 고향 의식: 동해 이름 부여 행위를 통해 형성된 공동체와 동해 경관 사이의 공간적 관계
- 기억과 기념: 동해 명칭이 보유하고 있는 이야기, 이미지, 기억, 기념
- 이동과 사회적 상호작용의 모습: 동해 명칭의 확산을 통한 인간과 문화의 이동 경로, 그리고 상호작용의 방향과 정도의 추적
- 사회적 태도에 대한 창: 특정 시점에서 동해 명칭에 반영된 사회적 태도의 반영

동해 명칭을 통해 전해지는 고향 의식, 기억과 기념, 이동과 사회적 상

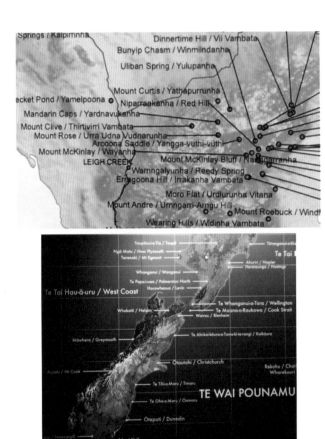

문화유산으로서 지명을 보는 관점은 한 사회를 구성하는 다양한 민족의 언어로 된 지명을 존중하는 가치로부터 시작했다. 위 도면은 호주 지도에 영어 지명과 원주민 애버리지니 (Aborigine) 지명을 병기한 모습, 아래 도면은 뉴질랜드 지도에 원주민 마오리(Maori) 지명과 영어 지명을 병기한 모습을 보여 준다. 각각 유엔지명전문가그룹 총회, 뉴질랜드 국립박물관 테파파통가레와(Te Papa Tongarewa, '보물의 보관소'라는 뜻)에 전시된 도면을 촬영했다.
ⓒ 주성재, 2014. 5. 2.; 2013. 1. 23.

호작용, 사회적 태도가 풍부하게 쌓여갈수록 문화유산으로서 동해 명칭은 더 큰 의미로 다가올 것으로 기대된다. 이러한 점에서 2장에서 제안한 대로 한민족의 삶과 함께한 동해 명칭의 실질적 사용을 서적, 전설, 설화,

가요의 역사적 자료에서 찾아내고 어떤 삶의 방식과 연결되어 어떤 문화유산의 가치가 있는지를 정리하는 것은 매우 중요한 일이다.

동해 명칭에 쌓여 있는 기억과 유산

2018년 9월, 동해연구회는 외부 기관의 의뢰를 받아 동해 바다에 대한 한국인의 인식과 명칭 표기에 대한 생각을 묻는 조사를 시행했다. 성, 연령, 거주지, 학력, 직업을 고려해 선정된 1,500명의 표본을 대상으로 온라인, 오프라인 조사를 병행했다. 표기 정책에 대한 의견을 파악하는 것이 주된 목표였지만, 함께 조사한 동해 바다와의 인연과 정서적 밀착, 그리고 명칭 사용과의 관계는 동해 명칭에 쌓여 있는 한국인의 기억과 유산의 단면을 엿보는 데에 좋은 자료를 제공했다.

동해에 대한 직접 경험은 여행과 관광이 가장 많았고(조사대상자의 72.1%가 경험), 방송체험, 해돋이 기원, 문학, 영화, 음악 등 문화생활이 뒤를 이었다. 동해는 어업과 관련 산업의 장소, 환경 보전의 대상, 여행과 관광의 장소라는 데에 응답자의 90% 정도가 동의했고, 이밖에 오래된 삶의 공간, 잠재적 가치가 큰 곳이라는 인식도 높았다. 응답자의 87.4%가 동해에 대한 친근감을 느낀다고 했는데, 동해에 대한 경험이 많을수록 그 정도는 증가했다.

중요한 것은 동해에 대한 일본해 명칭이 친근감에 미치는 영향이었다. 80.6%가 영향을 미친다고 대답했고, 그 비율은 남성, 수도권 거주, 50대 연령층에서 높게 나타났다. 동해에 대한 친근감을 강하게 느끼는 집단일수록 일본해 명칭의 영향은 크게 나타났고, 이는 통계적으로 매우 유의한 수준이었다. 동해 명칭으로 인식하는 바다는 울릉도와 독도까지라고 대답한 비율(70.7%)이 동해 해안에서 보이는 영역까지라는 대답(11.7%)보다 훨씬 크게 나타났다.

이를 종합하면, 동해 바다에 대한 다양한 경험으로 인해 증가한 친근감은 동해 명칭이 중요하다는 인식에 영향을 미치며, 다른 형태로 사용되는 이름은 이를 침해한다고 정리된다. 이것은 동해를 접해 온 사람들의 기억과 유산이 동해 명칭에 쌓여 있으며, 어떤 명칭을 사용하는지가 다시 그 바다에 대한 인식에 영향을 미친다는 해석으로 이어질 수 있다. 이는 2013년 동일한 형태로 시행한 조사의 결과와 같다(주성재, 2018, 193-195).

이렇게 동해 바다와 강한 인연으로 맺어 있는 한국인의 삶에서 그 바다와 이름에 대한 다양한 역사와 흔적이 드러나기를 기대한다. 앞서 소개한 팔용 이영춘 선생은 사료 조사를 통한 일련의 연구 결과를 발표하며 기여했다. 이를 간단히 소개하면 다음과 같다.

- 역사를 통해 본 한국인들의 동해 생활: 전근대 자료에서 동해의 용례, 동해 신(神) 제사, 문학작품에 나타난 동해 (제17회 바다 이름 국제세미나, 밴쿠버, 2011. 8.)
- 동해 지명과 관련된 신화와 전설: 문무왕, 용왕과 토끼, 처용, 탈해왕, 연오랑과 세오녀, 동해 관음 등의 이야기, 동해 신에 대한 국가의 제사, 용왕에 대한 별신굿 등 (제19회 바다 이름 국제세미나, 이스탄불, 2013. 8.)
- 전 근대 시대 한국에서의 동해무조석론(東海無潮汐論): 조선 시대 연구된 형이상학적 조석론(16-17세기), 서양 과학에 근거한 조석론(18세기 이후)과 그 결과로 등장한 동해무조석론의 전통 (제20회 바다 이름 국제세미나, 경주, 2014. 10.)

- 동해에 대한 제사의 전통: 동해에 대한 국가 차원의 제사, 지역 공동체 차원의 제사, 민중들의 개인적인 제사(별신굿) 전통 (제21회 바다 이름 국제세미나, 헬싱키, 2015. 8.)
- 동해의 역사에 대한 몇 가지 관점: 동해의 탄생과 성장, 동해에서 발생한 세 번의 전쟁과 의미, 동해의 시련과 고통 (제23회 바다 이름 국제세미나, 베를린, 2017. 10.)

"동해 바다 건너서~"

2021년 3월, 뜻밖에 전해진 일본에서의 동해 노래 연주에 대한 뉴스로 문화유산으로서 동해에 대한 논의를 마무리하고자 한다. 발단은 교토의 한국계 학교 교토국제고의 일본 고교야구대회 고시엔(甲子園) 본선 진출이었다. 야구부 창설 불과 22년 만에 3,000여 개 학교의 경쟁을 뚫고 32개 본선 진출 학교에 들어간 성과였다. 야구 이외에도 관심은 경기장에 울려 퍼질 이 학교의 교가에 쏠렸다. "동해 바다 건너서 야마토 땅은 거룩한 우리 조상 옛적 꿈자리…" 한국어로 된 교가였다.

전통에 따라 1회말이 끝난 후 1차전 진출 두 학교의 교가가 연주되었다. 마침 교토국제고는 극적인 승리를 거둠으로써 경기 후 다시 이 교가 앞에 모든 관중이 기립하여 경청하도록 했다. 유서 깊은 고시엔 경기장에서 한국어 '동해'가 두 번 울려 퍼진 것이다. 일본 국영방송 NHK는 그들의 필요에 따라 '東の海(동쪽의 바다)'라고 자막을 표기했다.

한 언론사의 논설은 교토 인근을 일컫는 '야마토(大和)'가 혈연으로 맺어진 한·일의 고대사를 담고 있다는 의미를 부여했다.[1] 실제로 이 지역은 일본 최초의 통일 정권인 야마토 시대를 열었고, 나라 시대를 거쳐 헤

2021년 3월 25일, 일본 효고현(兵庫縣)에 있는 고시엔 고교야구 본선 경기장에 "동해 바다 건너서"로 시작하는 노래가 두 번 연주되었다. 한국계 학교 교토국제고의 교가를 통해서였다. NHK 방송은 중계를 하면서 동해를 '동쪽의 바다'로 자막에 표기했다. 사진은 NHK 방송 중계를 인용한 국내 방송 뉴스의 화면을 캡처한 것이다.

ⓒ NHK, MBN, 2021. 3. 25.

이안 시대로 이어지며 일본 문화의 부흥기를 이끌었다. 헤이안 시대의 시조 간무(桓武)의 어머니가 백제 무령왕의 자손으로 알려져 있다.

이렇게 보면 동해 바다는 백제와 야마토를 잇는, 즉 한반도와 일본 열도를 잇는 통로로서 중요한 문화유산이었음을 알게 된다. 이 문화유산이 현대로 이어질 수는 없는 것인지, 양국이 화해와 협력으로 나갈 수는 없는지, 그리고 그 첫 단계로 서로의 바다 이름을 존중할 수는 없는지 지속적인 질문을 던진다.

---

1) 강호원 논설위원, "교토국제고 교가", 《세계일보》 [설왕설래], 2021. 3. 18.

10장. 디지털 환경의 발전과 동해 표기

'현대화'라 이름 붙여진 국제수로기구의 변화

국제사회에서 동해 명칭 확산의 새로운 전기를 가져온 국제수로기구 (IHO)의 '숫자로 된 고유 식별자 체계' 도입(5장 참조)은 '현대화(modernization)'라는 이름으로 일컬어졌다. 종이로 된 문서는 과거의 아날로 그 형식, 반면에 디지털 환경에서 구현되는 데이터 세트와 모니터에 나타 나는 도면은 미래 지향의 현대화된 도구라는 인식이었다. 이 현대화의 흐 름에 편승하여 기존에 사용되던 이름은 코드로 대체되어 지칭의 기능을 충실히 수행할 것이다.

수로, 해양 업무 표준의 원칙과 이에 근거한 표준 문서를 만들어 내는 IHO로서는 디지털 환경에 사용되는 결과물을 생산하는 것은 매우 자연 스러운 변화의 단면이었다. 여기에 하나 더, 명칭을 가림으로써 지난 30 년 가까이 이어져 온 바다 이름 분쟁 해결을 위한 현실적 방법을 도입할 수 있다는 것은 더할 나위 없는 매력으로 다가왔을 것이다.

이제 IHO가 생산할 디지털 문서에서 Japan Sea를 내리는 데 성공한 한
국으로서는 보다 광범위한 디지털 환경과 그 구체적 수단에서 East Sea를
존중하고 함께 쓰도록 설득하고 유도하는 일을 본격적으로 실행할 도전
에 직면했다. 디지털 기술이 두 이름을 함께 쓰는 여건을 제공함으로써 사
회정의와 평화를 달성하도록 하는 것, 이것이 목표다. IHO는 디지털 시대
에 동해 명칭 확산의 전반적 방향을 다시 검토하도록 촉발한 계기를 마련
해 준 것이다.

한국은 세계 전자해도 개발에 있어 무시 못할 강국으로 성장하고 있다.
IHO 내에서 S-100 기반 수로 정보라고 부르는 차세대 전자해도 개발에
중요한 역할을 담당하고 있고, 그 기술력은 IHO 총회와 함께 열리는 전시

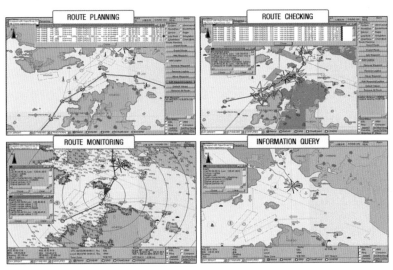

항해 정보의 전달은 이제 모두 디지털 형식으로 바뀌었다. 화면은 위치, 속력, 수심 등 항
해 관련 정보를 종합한 전자해도표시시스템(Electronic Chart Display and Information
System, ECDIS) 구현 사례를 보여 준다. 각각 항로 설계, 항로 점검, 항로 모니터링, 정보 탐
색의 사례다.
ⓒ 선박해양플랜트연구소

회에서 두 번이나 최우수상을 받는 결과로 나타났다. 국립해양조사원에서 이 일을 주도했던 전문가는 IHO 사무국의 기술 부국장으로 자리를 옮겨 능력을 발휘하고 있다. 이 모든 발전은 해양 수로 업무에 기여함으로써 자연스럽게 동해 명칭을 확산하고 두 이름을 균형 있게 사용하는 기술적 진전으로 이어질 것이다.

디지털 환경에서 지명의 사용

디지털 지도로의 전환 과정에서 발생하는 지명 표기의 환경 변화는 이미 주목을 받아왔다. 동해연구회가 주최하는 바다 이름 국제세미나에서는 2005년 제11회 대회에서 논의된 것이 첫 기록으로 남아 있다. 여기서 러시아의 티쿠노프(Vladimir S. Tikunov) 모스크바대학 교수는 '통합된 디지털 영역 모델에서 복수 지명의 사용1)', 미국 미네소타대학 교수 하비(Francis Harvey)는 '지명에서 만나는 문화와 기술2)'을 제목으로 발표했다. 이 두 논문은 공통적으로, 디지털 기술의 환경에서 지명은 보다 유연하게 채택되어 사용될 것임을 예측했다. 하나의 지형물에 대하여 두 개 이상의 명칭이 불편하지 않게 조화를 이루면서 사용될 잠재력이 있다고 확대 해석할 수 있는 부분이다(Choo, 2020).

디지털 환경에서 나타나는 지명 사용의 유연성은 첫 번째 주목할 요인이다. 확대와 축소가 자유로운 디지털 지도에서 어떤 지형지물을 어떤 축

---

1) 원제는 Multiple namings in the integrated digital territory models이다.
   http://eastsea1994.org/data/bbsData/14630266381.pdf
2) 원제는 Culture and technology meeting in geographical names이다.
   http://eastsea1994.org/data/bbsData/14630266511.pdf

척에서 보여 줄지는 중요한 결정 사항이다. 이때 지형지물의 라벨, 즉 지명의 표출은 축척, 화면상의 위치, 언어 플랫폼에 따라 결정되고 이러한 조건은 다시 지명 선정에 영향을 미친다(Kim, 2020, 35).

7장에서 지적한 바와 같이 구글맵은 어느 나라에서 접속하는지에 따라 첫 화면에서 보여 주는 명칭을 차별화하고 확대의 횟수에 따라 두 번째 명칭을 괄호로 보여 주는 정책을 채택하고 있다. 디지털 기술이 하나의 지형물에 대해 다른 정체성을 가진 지명을 모두 수용할 수 있는 선한 잠재력을 갖고 있다면, 즉 지명 분쟁을 기술력으로 해결할 수 있는 능력을 가지고 있다면 이를 왜 실행할 수 없는지 디지털 지도 공급자에게 묻지 않을 수 없다.

디지털 시대에 지도의 생산자와 소비자의 경계가 허물어지고 있다는 것은 주목할 중요한 두 번째 특성이다. 소비자가 제품 생산과 판매에도 직접 관여하여 행사하는 능동적 소비자의 시대, 즉 '프로슈머(producer와 consumer의 합성어)'의 시대가 올 것이라는 예측은 이미 40년 전에 이루어졌지만,[3] 이제 지도의 제작과 사용에 있어서도 지도의 소비자, 즉 사용자가 그들의 필요에 맞게 지명을 포함한 지리정보를 제공하고 각자의 필요에 맞춘 수요 지향적 지도를 스스로 만들어 사용하는 시대에 돌입한 것이다.

지리정보체계(GIS) 전문가인 한국교원대학교 김영훈 교수는 프로슈머 시대 지명 사용의 새로운 차원을 소개한다(김영훈, 2021). 그는 저명한 미국 지도학자 굿차일드(Mike Goodchild)가 제안한 자발적 지리정보(volunteered geographic information, VGI)의 개념을 소개하면서, 지명 역

---

3) 미래학자 앨빈 토플러가 1980년 그의 저서 『제3의 물결』에서 처음 사용했다고 알려져 있다.

시 수요자의 자발적 참여에 의해 구축되는 크라우드소싱(crowd sourcing)의 대상이 됨을 확인한다. 지도의 제작과 수정, 갱신뿐 아니라 지명의 확인과 검증, 수정의 과정도 자발적 참여자에 의해 진행된다. 자발적 지리정보가 공유되는 대표적인 플랫폼이 오픈스트리트맵(OpenStreetMap)과 위키맵피아(wikimapia)다.

자발적 참여에 의해 지도를 만들어가는 프로슈머가 정체성을 가진 동해(East Sea) 명칭의 정당성을 인식해서 그들의 지도에 사용하고 이것이 다른 사용자 사이에서 검증받아 확고히 정착된다면, 한국으로서는 새로운 기회를 맞이하는 셈이 될 것이다. 어떤 특성을 가진 프로슈머가 어떤 경로로 정보에 노출되고 어떤 기준에 의해 선택적으로 정보를 채택하는지 밝히는 것은 그 기회를 넓히는 출발점이 되리라 본다. 지명뿐 아니라 경계, 영유권 등 지리정보의 채택에 분쟁을 겪는 모든 경우의 관련자들에게는 새로운 도전이 주어졌다.

자발적 지리정보에 의해 만들어진 지도가 예상치 못한 영향력을 주는 경우가 있다. 질병 발생을 모니터링하고 공공 건강을 위협하는 요소를 실시간으로 감시할 목적으로 만들어진 헬스맵(HealthMap)이 그중 하나다. 코로나바이러스의 확산 현황을 통계와 도면으로 보여 주는 것은 최근 부여된 그들의 중요한 임무였다. 그들이 사용하는 지도에 동해 수역은 'East Sea – Sea of Japan'으로 표기되어 있다. 이 지도는 오픈스트리트맵의 지도 제공자 맵박스(mapbox)라는 회사의 도면을 이용했다. 지도의 수요자이자 생산자에게 이 표기에 대한 정보가 전해졌고 합리적인 과정으로 이를 채택했다고 해석할 수 있다.

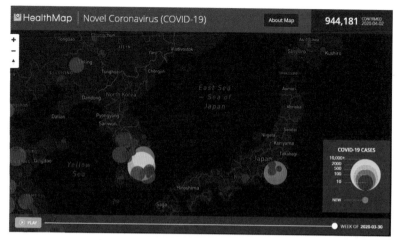

2020년 전 세계를 강타한 코로나바이러스감염증-19(COVID-19)의 확산과정을 보여 주는 플랫폼 헬스맵의 지도에 동해 수역이 East Sea - Sea of Japan으로 표기되어 있다. 이 지도는 오픈스트리트맵을 제작하는 회사 맵박스(mapbox)의 지도를 이용했다. 맵박스는 Lonely Planet, Financial Times, Weather Channel 등에 지도를 공급한다고 알려져 있다. 헬스맵은 2006년 보스턴 어린이 병원(Boston Children's Hospital)에서 연구자, 전염병학자, 소프트웨어 개발자가 뜻을 모아 만들었다.

출처: https://www.healthmap.org/covid-19(접속일 2020. 4. 2.)

교육 현장의 디지털 강자: 구글, 위키피디아, 유튜브

디지털 환경에 노출된 교육 현장으로 관심을 가져와 보자. 교육 현장에서 학생들이 학교에서 제공하는 지도와 교재 이외에 디지털 형태의 각종 자료, 문헌, 지도를 검색하는 것은 이미 일상이 되었다. 쉽게 연결할 수 있는 플랫폼은 구글이며, 여기서 연결되는 자료가 1차 검색 대상이다. 동해 항목의 경우 구글에서 처음으로 만나는 링크는 참여자 기반 백과사전인 위키피디아다. 검색어 'East Sea'와 'Sea of Japan' 모두 첫 화면에서 '동해 표기 분쟁' 항목으로 연결해 주지만, Sea of Japan은 바다로서 설명 항목이 먼저 나오는 점이 다르다. 반면에 바다로서 East Sea는 베트남 동쪽 바다 비엔동(3장 참조)에 대한 설명으로 채워져 있다. 구글에서 두 이름을 동일한 위상으로 인정한다면, 두 검색어 모두에서 East Sea/Sea of Japan이라는 항목으로 동해 수역에 대한 정보를 주는 페이지로 연결했을 것이다.

위키피디아는 쉬운 문체와 적절한 구성으로 많은 사랑을 받고 있지만, 사실에 대한 정확성, 분쟁적 이슈에 관한 균형성의 측면에서 한계가 있다는 지적도 있다. 동해 명칭 분쟁에 대한 서술에서도 여러 오류가 발견된다. 대표적으로 2020년 11월 IHO의 결정(5장 참조)을 일본 언론을 인용하여 일본해 단독 표기를 지속하기로 했다고 잘못 해석하는 부분이다. 대표성이 보장된 정확한 사실의 전달 자료를 제공하여 이를 인용하도록 하는 것이 필요한 이유가 된다.

동해 표기 분쟁의 내용을 담은 위키피디아 영어 페이지. 이 사이트를 정보 습득의 원천으로 삼는 경우가 많으므로 그 내용이 사실에 기반하여 적절히 서술되어 있는지 모니터링하는 것은 매우 중요하다. 2020년 11월 IHO의 결정을 "한국의 요구를 기각하고 공식 해도에서 일본해 단독 표기를 지속하기로 했다"고 일본 언론을 인용하여 잘못 해석하고 있다. 제목도 'East Sea/Sea of Japan naming dispute' 또는 'naming dispute over the sea between Korea and Japan'으로 바꾸어야 한다.

ⓒ Wikipedia 영어판(접속일 2021. 4. 8.)

구글은 위키피디아 이외에 각 명칭의 정당성을 홍보하는 한국과 일본의 웹사이트, 그리고 관련된 최근 뉴스로 안내한다. 각 명칭에 대한 주장은 비교적 균형 있게 검색할 수 있는 것으로 보이지만, 이미지는 'east sea map'이 9억 6천만 개, 'japan sea map'은 2억 7천만 개의 검색 결과4)를 보여줘 차이가 난다. 중복 검색을 제외하면 이 양상은 달라질 수 있다.

미국 지리 교사가 사용하는 디지털 소스의 양상은 독특하다. 고등학교 인문지리 심화과정(AP Human Geography)에서 현직 교사인 세실(Allison Cecil)은 동료 교사들이 사용하는 디지털 지도와 자료 소스에 대한 조사 결과를 전달해 준다(Cecil, 2020). 가장 많이 이용하는 것은 무료로 지도 퀴즈게임을 제공하는 세테라5)다. 세테라는 39개 언어로 된 400개의 지도 퀴즈를 무료로 제공하는 사이트로 인기가 높다. 여기서 제공되는 동아시아 지도에서 동해는 Sea of Japan(East Sea)으로 표기되어 있다.

구글맵은 학생들과 수업을 진행하면서 많이 이용되는 소스로 손꼽는다. East Sea로 검색하면 왜 Sea of Japan이 나타나는지 궁금해하고, 몇 번 줌인을 거쳐 East Sea가 괄호와 함께 나타나는지를 관찰하고 '동해로도 알려진 바다'라는 텍스트와 연결해 학습하는 것은 반전의 효과를 높이는 방법이 되는 것으로 보인다.

그러나 다음으로 많이 이용되는 세 개의 사이트는 모두 Sea of Japan 단독 표기를 채택하고 있어 아쉬움을 준다. 지리 게임을 가능하게 하는 셰퍼드 소프트웨어,6) 교사 본인이 퀴즈를 창의적으로 만들거나 이미 만들어진 퀴즈를 이용하도록 하는 리자드 포인트,7) 지도를 놓고 퀴즈를 만들어

---

4) 접속일 2021. 4. 13.
5) https://ww.seterra.com
6) https://www.sheppardsoftware.com/Geography.htm

가는 퀴즈8)가 그것이다. 이 사이트들은 모두 단독 표기를 주어진 사실로 간주하고 있지만, 교사의 재량에 따라 두 이름을 함께 존중하는 문제로 변경시킬 가능성은 충분히 있다. 세실은 한국이 이들 사이트 운영자에게 접근하여 정보를 제공할 것을 제안한다.

교육 현장에서 활용할 수 있는 믿을 만한 웹사이트를 많이 제공하는 것은 교육적으로 매우 중요한 일로 간주된다(Stoltman, 2020). 다양한 시각을 갖되, 어느 한쪽에 치우치지 않은 균형 있는 지식과 판단 능력을 가르치는 것은 디지털 시대 교육에서 소중한 가치가 될 것으로 믿는다. 다양하게 변형할 수 있는 디지털 맵이 지리적 상상력을 높여 보다 넓은 세계를 볼 수 있도록 하는 것은 디지털 시대의 혜택이다.

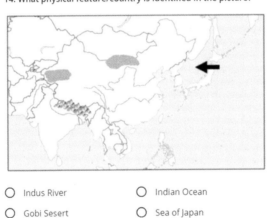

14. What physical feature/country is identified in the picture?

○ Indus River   ○ Indian Ocean
○ Gobi Sesert   ○ Sea of Japan

미국 지리교사들이 많이 이용하는 디지털 소스 5위 안에 드는 퀴즈에 수록된 문제 예시. 한반도와 일본 사이 바다 이름으로 'Sea of Japan'을 고르도록 하고 있다. 지리교사 초청 사업으로 한국을 방문한 교사라면, 보기를 East Sea/Sea of Japan로 바꾸거나, 명칭 분쟁을 겪는 바다를 선택하라는 문제로 바꾸어 출제할 것이다.
출처: https://quizizz.com/admin/quiz/5a3168c55fe4b71900664187/se-asia-geography

---

7) https://lizardpoint.com/geography/
8) https://quizizz.com/

동해 명칭을 알리는 데 주력하는 한국으로서는 구글, 위키피디아, 그리고 다양한 교육 플랫폼이 중요한 타깃이 될 것이다. 아직은 많은 콘텐츠가 만들어지지 않지만, 디지털 세대에게 친숙한 유튜브도 포함된다. 구글에 연결된 사이트가 전달하는 내용, 위키피디아의 정확한 서술(영어를 포함한 주요 언어), 교육 매체의 표기 등은 관심을 갖고 주시할 모니터링의 대상이다. 그리고 그 기준은 일방적인 강요된 주장이 아닌, 인류 보편 가치에 근거한 균형 잡힌 사실이다.

생각의 발전이 필요한 분야, 디지털

2020년 9월에 열린 제26회 바다 이름 국제세미나는 두 달 후 결정될 것으로 예상되었던 IHO의 숫자 표기 채택을 염두에 두고 '디지털 시대의 지명 표기'를 주제로 택했다. IHO에서 보듯이, 지난 20여 년간 이 세미나가 추구해 온 지명 또는 바다 이름 분쟁 해결을 위한 담론과 현실적 방법을 전개하는 데 있어 디지털 기술 변화가 갖는 잠재력에 주목했기 때문이다.

코로나바이러스감염증-19의 확산으로 해외 참가자는 온라인으로 참여하는 제한적인 상황이었지만, 지명 표기 환경, 교육 현장, 기술적 응용 가능성 등에 미칠 디지털 변화의 전반적 영향을 다루었다. "결코 새롭지 않은, 그러나 여전히 중요한(Choo, 2020)" 디지털의 의미였다. 이 주제는 디지털 시대의 지명 표기: 시즌 II로 하여 2021년 10월의 제27회 대회에도 계속된다.

디지털 시대의 지명 표기, 특정 주제로 좁혀서 말하면 디지털 시대의 동해 명칭 확산, 이를 위한 연구, 논의, 전략 수립의 어젠다 세팅은 계속 진행 중이다. 필자는 다음의 화두를 던진다(Choo, 2020; 주성재, 2021b).

- 모바일 지도에서 나타나는 명칭 및 표기 방법의 특징은 무엇인가? 유연성 확보의 방법과 패턴은 무엇인가? 제약을 주는 요인은 무엇이고 어떻게 극복해야 하는가?
- 모바일 지도와 종이 지도를 보는 독자는 어떤 인식의 차이를 갖는가? 각 형태의 지도 위에 나타나는 지명에 대한 이해는 어떤 차이를 갖는가?
- 각각의 정체성을 가진 두 개의 명칭을 기술적으로 균형 있게 구현하기 위한 규범은 어떻게 개발하는가? 그 궁극적인 모습은 어떤 것인가?
- 기술적 지원에 의해 두 개의 명칭을 함께 쓴다고 할 때, 각 명칭의 사용자가 얻는 혜택은 무엇인가? 그 혜택의 향유를 방해하는 요인은 무엇인가?
- 숫자와 코드로 만들어진 식별자(identifier)가 과연 전통적 형태의 명칭을 대체할 수 있는가? 그 가능성과 한계는 무엇인가? 식별자 개발을 위한 새로운 표준은 어떻게 누가 개발하는가?
- 전자해도(electronic navigational chart, ENC)에서 고유하게 나타나는 명칭 또는 식별자(좌표 포함) 사용의 특성은 무엇인가?
- 교육 현장에서 모바일 지도는 어떻게 사용되는가? 교사와 학생 각각에 있어 지명은 어떻게 인식되고 그 사용의 특성은 무엇인가? 두 명칭이 함께 나타난다고 할 때, 학생은 어떻게 반응하는가?
- 지명 분쟁 해결을 위해 모바일 정보를 어떻게 활용하는가? 그 가능성과 한계는 무엇인가? 인터넷 미디어(구글, 위키피디아, 유튜브 등)는 어떻게 기여할 수 있는가?

이를 위한 생각의 발전, 독자들과 함께 채워 나가길 기대한다.

제4부
동해 명칭 확산을 위한 노력

11장. 동해 거버넌스의 운영

한국-해외, 온라인-오프라인, 코로나-비코로나를 초월한 동해 열정

2021년 3월 마지막 주말은 미국 북동부 한인들에게 '동해 주말(East Sea Weekend)'로 기록되었다. 현지 시간으로 금요일은 뉴욕, 토요일은 보스턴과 뉴잉글랜드 일대에 거주하는 한국 교민을 대상으로 하는 동해 강연회가 열린 것이다. 모두 합하여 200명에 가까운 한인이 참여했다. 뉴욕 행사에는 한국에 있는 전문가, 시민단체 반크(VANK) 대표, 방송 제작자, 그리고 한인 거주지역 주 의원이, 보스턴에는 캐나다, 유럽, 중국의 한인 단체가 함께 참여했다. 방식은 온라인 화상 강연. 공간을 초월한, 이동이 필요 없는 매우 효율적인 행사였다. 코로나바이러스감염증-19가 가져다준 혁신이었다.

필자는 '문화와 정체성의 이름, 동해(East Sea: A Name, A Culture and An Identity)'라는 제목으로 동해 바다와 명칭에 담긴 문화와 정체성, 한국의 제안, 세계의 반응, 인류 보편 가치와의 관계, 그리고 동해를 알리기

2021년 3월 27일, 보스턴 현지 시간 토요일 저녁 8시에 시작한 화상 강연 모습. 질문까지 1시간 30분, 밤 늦게까지 긴 시간이었지만 교민들은 열심히 경청했다. 코로나바이러스 팬데믹으로 인한 장애도 동해(East Sea)를 바로 알고 그것을 그들이 속한 사회에서 알려야겠다는 열정을 막을 수는 없다. 가운데 태극기와 함께 있는 분이 이 강연을 주선한 유기준 보스턴 총영사다. 그는 직전 해 11월 IHO 총회의 대한민국 수석 대표로서 숫자 표기 결실을 본 직후 부임했다.
출처: 강연 줌 녹화 동영상 캡처.

위한 각 주체의 역할에 대해 강연했다. 1시간이 넘는 짧지 않은 시간이었지만, 참가자들은 꼿꼿이 자리를 지키며 경청했다. 강연 후 병기의 방법, 고지도의 의미, 중국과 러시아의 반응, 자료 활용의 방법 등 매우 의미 있는 질문이 이어졌다. 교사로서, 학부모로서, 한인 단체 멤버로서 설명에 막혔던 부분이 시원하게 해소되었다고 했다.

　세계 곳곳에 있는 한인들의 동해와 독도에 대한 사랑은 유별나다. 각종 한인 단체는 '동해 명칭 찾기'와 '독도 지키기'를 중요한 사업 방향으로 삼고 활동을 전개한다. 이를 핵심 사업으로 규정하고 그에 걸맞은 이름을 붙인 단체도 있다.[1] 동해 명칭을 알리려고 하는 한국으로서 세계 각지에 퍼져있는 한인들과의 협력은 매우 중요하다. 그 활동은 그들만이 할 수 있는 특화된 역할로 집중되어 실질적인 효과와 효력을 발생시키는 방향으로 이루어져야 한다. 적절한 조정과 플랫폼, 컨트롤 타워의 역할이 필요한 이유가 여기에 있다.

정부 기관과 민간단체가 함께 만들어가는 오케스트라

한국의 정부 조직에서 동해 명칭의 확산은 외교부의 중요한 업무이다. 국제 관계의 문제이며 교섭과 조정이 필요한 주제로 보는 시각을 반영한다. 국제사회에 대한 초기의 문제 제기가 다자간 외교가 이루어지는 유엔을 중심으로 펼쳐진 것과도 맥락을 같이한다. 유엔에서의 활동이 지명이라는 기술 전문 분야에서 이루어지고 동시에 논의의 장을 제공한 국제수로기구도 해양·수로 분야의 전문 기구였지만, 국가 간 이해 관계를 고려한 외교 노하우의 필요성은 외교부를 정부 내 동해 업무의 컨트롤 타워가 되게 했다. 현재 동해 명칭은 영토 해양 관련 주제로 구분된다.

동해 명칭은 바다의 이슈라는 점에서 내용 측면에서 해양수산부와 연결된다. 독도와 함께 해양 영토의 시각으로 접근하기 때문에 외교부와 중복되는 부분이 있다. 해양수산부의 동해 업무는 전문 기관인 국립해양조사원의 연구 사업을 통해 구체화된다. 주무 기관의 역할을 수행하는 국제수로기구에서의 대응, 동해 명칭 홍보, 해외 동향 모니터링, 국제 네트워크 구축 등이 주요 사업을 구성한다.

명칭 문제라는 특수성은 한국의 지명을 관리하는 국토교통부 산하의 전

---

1) 미국 시카고의 독도동해지키기 세계본부(Dokdo East Sea World Organization, DEWO), 독일 베를린의 재독 독도지킴이단, 미국 미네소타대학의 한인 학생단체 독도동아리(Korea's Island Dokdo, KID)가 있다.

문 기관 국토지리정보원과 연결해 준다. 이 기관은 핵심 업무인 지도 제작과 지리정보 관리와 연결하여 지명의 제정, 관리, 데이터베이스 운영을 담당한다. 유엔지명전문가그룹의 주무 기관으로서 지명 관련 국제 협력을 주도하며, 각국의 지명 전문가, 지명 관리 정부 기구와 연결하는 플랫폼 역할을 수행한다.

역사 연구와 교육도 동해 명칭 확산의 중요한 축이다. 이를 위한 전문 기관으로 2006년 정부 출연으로 설립된 동북아역사재단이 있다. 동북아시아 역사를 바로 알리기 위한 목적을 가진 이 기관은 독도연구소를 중심으로 역사적 시각의 자료집 출판과 연구를 통해 일본의 독도 영유권 주장에 대응하고 동해 명칭 확산을 위한 사업을 주관한다. 교육 분야로 확대된 영역에서는 북미와 유럽의 지리교사 초청사업이 중요하다(7장 참조). 동해, 독도 관련 해외 동향을 모니터링하고, 동해연구회가 주최하는 바다 이름 국제세미나에 공동 주최자로 참여한다.

현직 외교관으로서 동해 명칭 교섭을 담당하던 직책이 국제표기명칭대사다. 독도에 대한 적극적 대응 정책을 채택한 것이 계기가 되어 2005년에 만들어진 자리로서 동해 명칭 확산의 임무를 겸했다. 동북아역사재단이 설립되면서 사무실과 지원 인력과 재원을 공급받아 특수한 임무를 부여받은 대사로서 각국의 지명 기구를 방문하고 전문가와 지도제작사를 찾아 교섭하는, 중요한 틈새를 메꾸는 역할을 수행했다. 5년여 직책을 완수한 유의상 대사를 끝으로 2018년 10월 이래 임명되지 않는 것은 아쉬운 일이다.

정부 기관으로는 이외에도 한국 관련 팩트를 세계에 전달하는 임무를 가진 문화관광체육부 산하의 해외문화홍보원이 있다. 한국 바로 알림 서비스(FACTS KOREA) 항목의 하나로서 동해 명칭 홍보 활동은 외교부, 동

주체 | Actors

| 정부 | 전문가그룹 | 국내언론 | 시민단체 |

정부
- 외교부
- 해양수산부
- 해양수산부 국립해양조사원
- 국토교통부 국토지리정보원
- 문화체육관광부 해외문화홍보원

전문가그룹
- 동북아역사재단 NORTHEAST ASIAN HISTORY FOUNDATION
- 독도연구소 Dokdo Research Institute
- THE SOCIETY FOR EAST SEA 사단법인 동해연구회
- KMI 한국해양수산개발원 KOREA MARITIME INSTITUTE
- 한국학중앙연구원 THE ACADEMY OF KOREAN STUDIES

국내언론
- KBS
- JTBC
- MBC
- SBS
- 경향신문
- 동아일보
- 연합뉴스
- ChosunMedia 조선일보
- 한겨레

시민단체
- 반크
- KID
- SAYUL
- The Korean American Association of Greater Washington 워싱턴지구 한인연합회
- 버지니아한인회 KOREAN AMERICAN SOCIETY OF VIRGINIA
- DEWO DokdoEastSea World Organization

동해 확산 활동은 각 영역을 담당하는 주체에 의해 오케스트라 협주가 이루어지는 것에 비유된다. 필자가 사용하는 동해 강연 자료의 마지막 부분에 들어 있는 동해 거버넌스 슬라이드를 가져왔다. 이 거버넌스는 여전히 만들어져 가는 과정에 있다. 동북아역사재단과 그 조직인 독도연구소는 전문가그룹으로 분류했다.

출처: 주성재, 미국 뉴잉글랜드 지역 동해 특강 자료(2021. 3. 27.).

북아역사재단, 국립해양조사원과 자료를 공유한다. 앞으로 보다 정교한 홍보를 위해 대상자의 수준과 관심사별로 특화된 자료가 다양하게 생산되기를 기대한다.

동해 명칭 확산은 국가적인 이해가 걸린 관심사이므로, 이같이 정부 기관이 각각의 특성과 임무에 따라 역할을 수행하는 것이 적절하다. 그러나 세계 곳곳에 퍼져 있는 지명 사용자를 만나고 설득하는 것은 정부 활동의 울타리에 묶여 있을 수 없다. 오히려 각 영역에 흩어져 있는 전문가, 시민단체, 그리고 특정 사회를 구성하는 일반 시민, 예를 들어 교사, 학부모, 비즈니스맨, 유권자 등이 훨씬 효율적으로 성과를 낼 수 있다. 동해 명칭 확산은 모든 구성원이 참여하여 각각의 소리를 내되 하모니를 이루는 오케스트라 연주다.

전문가 그룹의 형성

한국 정부가 1992년 8월, East Sea 명칭의 국제적 통용을 위한 입장을 채택하고 유엔지명표준화 총회에서 성공적으로 문제를 제기한 이후, 중요한 것은 전문가들이 참여하는 지속 가능한 논의와 협의의 포럼을 만들어 정부의 업무를 지원하게 하는 일이었다. 한동안의 지체는 하나의 사건으로 깨졌다. 1994년 9월, 서울에서 열린 북서 태평양 해양 보전 회의(Northwest Pacific Acton Plan)에서 한국 정부가 '일본해' 표기를 허용한 것이었다. 이 논란으로 동해 명칭에 대한 여러 학술 단체와 민간 연구자들의 연구 성과를 수렴해 대외적 창구를 일원화해야 한다는 목소리가 높아졌다(《경향신문》, 1994. 11. 15.). 결과는 정부가 주도한 외무부 산하 동해연구회의 설립이었다.

동해연구회는 동해 명칭의 정당성을 확보하기 위하여 역사, 지리, 고지도, 지명, 국제 관계 및 국제법, 정치, 해양 분야의 연구 성과를 모으고 창출하며 논리를 수립해 가는 임무를 부여받았다. 아울러 동해 명칭에 대한 전문가 차원의 국내, 국제 홍보를 위해 언론, 출판, 외교 분야 전문가들의 참여를 독려했다. 이들은 동해연구회라는 틀에서 연구 성과와 자료를 공유하며 공동의 목적을 추구하지만, 각자의 위치에서 자유롭게 활동의 영역을 펼쳐 나가는 구조를 가졌다.

초기에는 정부 기관의 의뢰를 받아 동해 명칭의 역사성과 정당성을 밝히는 연구를 진행하고 그 결과를 책자로 출판하는 일을 담당했다.[2] 이 책

---

2) 다음 출판물이 있다. *The Historical Precedent for the East Sea*(1998), *East Sea in World Maps*(2002), *East Sea: The Name East Sea used for Two Millennia*(2003), *East Sea in Old Western Maps with Emphasis on the 17th to 18th Centuries*(2004), 『이천 년 동안 쓰인 명

왼쪽부터 咸明澈 權赫在 李燦 나프탈리 카드몬 李琦錫 金燦奎 鄭鍾律씨.

사단법인 「동해연구회」 창립총회

「일본해」가 아닌 「동해」(E AST SEA)를 국제표준 표기로 만들려는 노력을 전개하기 위한 사단법인 「동해연구회」가 9일 오후 고려대 인촌기념관에서 발족했다. 연구회는 金鎭炫한국경제신문사 편집위원과 한국역사 지리학회장 金燦奎경희대교수 咸明澈외무부 제연합국장 나프탈리 카드몬 유엔지명전문가회의분과회장 鄭鍾律현양학회장 李泳澤 땅이름학회장이 참석해 발족회를 가졌다.

립한다는 내용의 창립선언문을 낭독했다.

이 연구회는 학술단체와 사회단체장 등 50여명이 발기인으로 참여했다.

이날 창립총회에는 李元淳 국사편찬위원회위원장 權赫

동해연구회의 역사를 보여 주는 두 개의 언론 기사. 왼쪽은 1994년 11월 9일 창립 총회, 아래는 2015년 1월 27일 창립 20주년 기념 행사의 소식을 전하는 기사다. 창립 총회에 지명학의 대가인 이스라엘의 캐드먼(Naftali Kadmon) 교수를 초청한 것이 이채롭다.
ⓒ 동아일보, 1994. 11. 10.; 조선일보, 2015. 1. 28.

학계등 50여人士 "동해이름 지키자" 다짐

문화장을 회장으로, 李琦錫 서울대교수(지리교육)를 부회장으로 추대했다.

李교수는 「동해명칭의 정당성을 국제적으로 널리 확산시키고 그에 필요한 학술 연구와 사업들을 조직적으로 수행하기 위해 연구회를 참 (趙恒民)

동해연구회 제공

동해연구회 20년 '동해' 표기의 국제적 확산에 힘써 온 동해연구회는 27일 창립 20주년을 맞아 역대 회장단과 임원, 외교부·동북아역사재단·국립해양연구원 관계자 등을 초청해 오찬 모임을 가졌다. 김진현(세계평화포럼 이사장·앞줄 오른쪽 다섯째) 초대 회장, 이기석(서울대 명예교수·앞줄 왼쪽 넷째) 3대 회장, 박노형(고려대 교수·뒷줄 왼쪽 여섯째) 4대 회장, 최서면(앞줄 왼쪽 다섯째) 국제한국연구원 원장, 함명철(앞줄 오른쪽 넷째) 전 외교부 대사 등 50여명이 모임에 참석했다.

자는 2000년대 중반까지 국제기구 회의와 학술 대회에 배포되었고, 각국의 지명 기구와 민간 지도제작사 방문시 근거 자료로 활용되었다. 출판 활동은 이후 새롭게 설립된 동북아역사재단으로 이관되었다.

동해연구회의 핵심 사업은 국내외 전문가를 초청하여 매년 개최하는 바다 이름 국제세미나(International Seminar on Sea Names)이다. 창립 이듬해에 시작한 제1회 대회 이래 한 해도 빠짐없이 매년 진행되어 2021년

칭 동해」(2005).

10월, 제27회 대회가 열린다. 제8회 대회(2002)부터 해외에서 개최되었고 장소는 아시아에서 유럽, 북미, 오세아니아로 확대되었다. 제18회 대회(2012)부터 개최 장소와 관련된 주제를 정하고 세션을 구성하는 것으로 모양을 갖추었고, 제19회 대회(2013)부터 발표 논문과 토론 요지를 모아 연말에 책자로 발간하는 사업을 진행하고 있다. 최근 10년간 주제와 개최 장소를 정리하면 다음 표와 같다.

[표 11-1] 최근 10년간 〈바다 이름 국제세미나〉의 주제와 개최 장소

구분	연도	주제	개최 장소
제18회	2012	아시아와 유럽의 관점 Asian and European Perspectives	벨기에 브뤼셀
제19회	2013	바다, 바다 이름, 지중해적 평화 Sea, Sea Names and Mediterranean Peace	터키 이스탄불
제20회	2014	바다, 바다 이름, 동아시아 평화 Sea, Sea Names and Peace in East Asia	대한민국 경주
제21회	2015	바다 이름: 유산, 인식, 국제 관계 Sea Names: Heritage, Perception and International Relations	핀란드 헬싱키
제22회	2016	바다와 섬: 사람, 문화, 역사, 미래를 연결하다 Seas and Islands: Connecting People, Culture, History and the Future	대한민국 제주도
제23회	2017	지명을 통한 평화와 정의의 달성 Achieving Peace and Justice Through Geographical Naming	독일 베를린
제24회	2018	두 개 지명의 사용: 가능성과 혜택 Dual Naming: Feasibility and Benefits	대한민국 강릉
제25회	2019	지명을 통한 다양성 교육 Educating for Diversity through Geographical Names	미국 버지니아
제26회	2020	디지털 시대의 지명 표기 Geographical Naming in the Digital Era	대한민국 강릉
제27회	2021	디지털 시대의 지명 표기 II Geographical Naming in the Digital Era II	대한민국 강릉

동해연구회는 1995년 이래 매년 각국의 지명 전문가를 초청하여 바다 이름 국제세미나를 개최한다. 사진 위로부터 워싱턴 D.C.(2005, 제11회), 베를린(2017, 제23회), 강릉(2020, 제26회) 참석자를 보여 준다. 워싱턴 대회에서 가운데 비스듬히 선 분이 미국지리학회 (AAG)와 세계지리학연합(IGU) 회장을 지낸 아블러(Ron Abler) 교수, 그 오른쪽으로 동해 연구회 초대 및 제2대 김진현 회장, 제3대 이기석 회장이다. 앞줄 오른쪽 끝은 하찬호 초대 국제표기명칭대사(당시는 국제지명대사)다. 강릉 세미나는 코로나-19 상황에서 온라인, 오 프라인 혼합 형태로 이루어졌다.

ⓒ 동해연구회, 2005. 10. 6.; 2017. 10. 23.; 2020. 9. 18.

이 세미나는 동해 명칭의 역사성과 정당성을 지원하기 위해 시작했지만, 해외 사례를 깊이 조사하고 관련 전문가들이 참여하면서 바다 이름 또는 일반 지명의 제정과 분쟁을 다루는 학술 포럼으로 발전했다. 그 담론은 사회정의, 평화, 교류와 연결, 문화유산 등으로 확대되었다. 이 책의 곳곳에 언급된 생각의 발전은 거의 모두 이 세미나를 통해 공급받은 혜택이라 해도 과언이 아니다. 바다 이름이라는 하나의 주제로 30년 가까이 국제 포럼을 한 해도 빠짐없이 진행했다는 것은 유례없는 성과라 평가된다.

열정의 청년 시민단체

2012년 4월, 국제수로기구(IHO) 총회 장소에 조선 시대 수군 모양의 개량 한복을 입은 청년 다섯 명이 나타났다. 스스로 동해수문장이라 칭한 이들은 총회 회의장 입구에 서서 입장하는 각국 대표들에게 '동해'를 갈망하는 모습을 보여 주었다. 알고 보니 이들은 이미 총회 개최 전 3개월 간 7개국을 방문하여 '동해'를 지지하는 1만 2천 명의 서명을 받아 80개 회원국 대표에게 우편을 발송했다고 했다. 이들의 활동은 그 효과의 정도를 떠나 '동해'를 향한 청년의 열정을 보여 준 점에서 각국 대표에게 큰 인상을 주기에 충분했다.[3] 이후 이들은 세이울(SAYUL)이라는 이름으로 체계적인 한국 알리기 사업을 지속했다.

더 많이 알려진 청년 시민단체는 반크(VANK)다. 사이버 외교 사절단 또는 사이버 관광 가이드라 자칭하는 이 단체는 한국 관련하여 잘못 알려진 내용이나 의도적인 왜곡에 적극적으로 목소리를 내고 있다. 동해 표기

---

3) 이들의 활동은 총회 직전에 상영된 KBS 다큐멘터리 '동해를 구출하라(2012. 4. 10.)'와 이후 발간된 책자(남석현, 2013, 『청춘발작』, 서울: 이지출판)를 통해 알려졌다.

2012년 4월, IHO 총회 마지막날 동해수문장과 기념사진을 찍었다. 오른쪽은 2010년 동북아역사재단과 반크가 공동으로 기획한 교육프로그램 '글로벌 역사 외교 아카데미'에서 동해 표기 문제를 강의하는 필자의 모습이다.
ⓒ 세이울; 반크·동북아역사재단

는 그 관심사 중의 하나이며 세계 각 정부, 언론, 지도제작사로부터 국제기구에 이르기까지 East Sea 표기를 존중할 것을 요구한다. 그 성과는 종종 언론을 통해 전해진다. 글로벌 역사 외교 아카데미라는 이름으로 개발한 교육 프로그램에서 동해를 중요한 주제로 선택했고, 이 동영상은 아직도 그 홈페이지를 통해 활용된다. 2017년 2월에는 IHO 총회를 앞두고 동해 표기 세미나를 주최했고, 필자는 주제발표를 맡았다.

자발적인 청년단체는 해외에서도 발견된다. 미국 미네소타대학 한인 학생회인 독도동아리(Korea's Island Dokdo, KID)는 2016년 9월 동해연구회가 이 대학에서 개최한 동해 명칭 워크숍에 참석한 이래 동해 표기로 관심을 넓힌 것으로 보인다. 2021년 2월에는 오하이오주립대학에 지부를 설립했다는 소식을 전해 왔다.

이렇게 동해 명칭을 세계에 확산하기 위한 자생적, 자발적 운동을 국내외에서 목격하는 것은 매우 고무적인 일이다. 중요한 것은 그들만이 할 수 있는 영역으로 집중하여 성과를 낼 수 있도록 유도하는 일이다. 청년들이 그들의 열정으로 각국의 민간 부문에 접근하여 소비자로서 목소리를 내는 것이 그중 하나다.

있는 그곳에서, 코리안 디아스포라

도입 부분에서 소개했듯이 전 세계에 흩어져 있는 한인들은 동해 명칭 확산의 중요한 축이다. 현지 사회에서 뿌리를 내리고 사는 코리안 디아스포라의 힘은 그들이 소속된 커뮤니티에의 영향력으로 이어져 가시적인 효과를 낼 수 있기 때문이다. 동해연구회는 2013년부터 해외 한인 단체와의 협력을 그 활동 영역의 하나로 추가했다. 동해 명칭 확산의 전체 골격에서 각 위치의 한인들이 할 수 있는 역할을 확인하고 그 효과를 극대화하기 위함이었다. 협력의 주요 내용을 정리하면 다음과 같다.

- 동해연구회 워크숍에 미국 뉴욕·뉴저지 시민참여센터 김동석 대표 초청(2013년 11월, 경기 화성)
- 동해 명칭 토론회에 뉴욕과 시카고 한인 대표 초청(2014년 6월, 워싱턴 D.C)

2014년 6월, 미국 여론 주도층을 타깃으로 한 토론회에 초청한 한인 대표와 찍은 사진. 왼쪽부터 뉴욕 김동찬, 박재진, 시카고 박장만, 박노형 동해연구회 회장, 시카고 김종갑, 필자, 류연택, 김영훈 교수다. 각국에서 활동하는 한인 단체는 동해 명칭 확산의 중요한 주체다.
ⓒ 주성재, 2014. 6. 12.

- 미국 버지니아 일대 한인 2세, 3세 대상 간담회 개최(2015년 7월, 버지니아)
- 미국 시카고 독도 동해 지키기 세계 본부(DEWO) 주최 세미나 참여 (2015년 10월, 시카고) 및 공동 주최(2016년 9월, 시카고)
- 독일 베를린 재독 독도지킴이단과 간담회 개최(2017년 10월, 베를린)
- 미국 버지니아 일대 한인 대표와 간담회 개최(2018년 7월, 버지니아)
- 미국 뉴욕, 보스턴, 휴스턴 한인 대상 특강(2021년 3월, 5월, 온라인)

이들 일련의 행사는 한국의 정부와 전문가들이 현재 추구하는 지향점과 이를 달성하기 위한 전략과 정보를 공유하는 데에 주력했다. 이렇게 전달된 포인트는 다시 교민 단체의 활동 방향을 검토하고 재정립하는 데에 고려되었고, 전체 동해 명칭 확산의 틀에서 조화를 이루어 활용하는 데에 중요한 투입 요소가 되었다.

교민사회가 갖는 힘은 동해에 대한 뜨거운 열정과 일관된 목소리, 각 커뮤니티에서 발휘되는 영향력, 그리고 이것이 정치 현장에서 실현되는 유권자의 권리에서 나온다. 이것은 동해 명칭 확산을 위해 노력하는 다른 주체가 할 수 없는 일이다. 사회 주도층으로 자리 잡아가는 한인 2세, 3세를 통해 그 영향력이 확대되는 것을 관찰할 수 있음은 매우 반가운 일이다. 이들이 각 로컬리티의 정치인을 움직여 동해 명칭의 소중함을 인식하고 실질적인 변화를 추구하도록 한다면 희망은 밝다. 7장에서 보았듯이 알 권리를 충족시키는 교육, 그리고 이를 지원하는 사회정의와 평화의 보편 가치에 의존하는 것이 핵심이다.

거버넌스의 형성은 아직도 진행 중

정부 기관, 전문가 그룹, 국내외 시민단체 이외에 동해 명칭 확산에 기여할 수 있는 주체는 많이 있다. 대표적으로 앞의 활동 주체 다이어그램의 한 축을 차지하는 언론 매체다. 언론의 역할이 사실의 정확한 전달을 통하여 독자나 시청자가 스스로 판단할 수 있는 근거를 제공하는 것이라고 볼 때, 동해 표기의 현 위치를 정확하게 전달하고 언론에 접하는 국민이 합리적인 기대 수준을 갖도록 유도하는 것은 매우 중요한 일이다.

대표적인 사례로 한국해나 동해 단독 표기 주장을 전달하는 언론의 관점이다. 이 주장의 핵심과 배경을 전하되, 현재 정부의 입장이나 전문가의 의견, 그리고 국제사회의 수용 가능성을 함께 전달한다면 보다 균형 잡힌 시각으로 이 이슈를 바라볼 수 있게 하리라 기대한다.

그러나 언론의 또 다른 기능인 비판적 관점의 문제 제기는 동해 표기 이슈에도 중요하게 적용된다. 어떤 사건이나 논의의 결과에 대해 지나치게 긍정적인 측면만 부각될 때 그 속에 담긴 진정한 의미를 분석하는 것은 언론의 고유한 기능이다.[4] 언론의 적절한 비판은 동해 업무를 담당하는 정부 기관이나 이를 자문하는 전문가들이 그들의 업무를 다시 돌아볼 수 있게 하는 순기능을 갖는다.

동해 거버넌스를 구성하는 모자이크 조각은 여러 모양으로 존재할 수 있다. 각국의 교육 관계자를 초청하여 한국을 정확하게 전달하는 '한국 바로 알리기 사업'을 진행하는 한국학중앙연구원은 동해 표기를 중요한 주제로 택하고 있다. 그 성과는 가시적으로 나타난다. 하나의 사례로, 이 사

---

4) 2012년 IHO 회의 결과의 정부 발표에 대한 다음 칼럼이 이에 해당한다. 이하원, 「낯 뜨거운 '절반의 성공'論」, 《조선일보》, 2012. 4. 28.

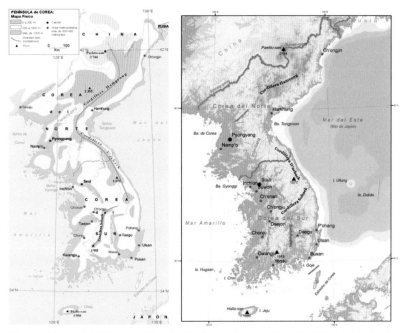

한국학중앙연구원의 '한국 바로 알리기 사업'에서 수행 중인 외국 교육 관계자 초청 사업에
참여했던 우루과이 대표는 2012년 5월 한국 방문 후 그들이 사용하는 지도책의 동해 표기
가 어떻게 바뀌었는지 보여 주는 자료를 보내왔다. 왼쪽은 아틀라스 「오늘날의 세계」 2003
년 발행본에 수록된 한국 지세도, 오른쪽은 2012년 발행 예정의 같은 도면을 보여 준다. 각
각 스페인어로 '일본해,' '동해(일본해)'로 표기되어 있다.
출처: Leonardo Olivera.

업에 참여했던 우루과이 교과서 제작자와 교육부 관계자는 한국 방문 후
그들의 지도 표기를 바꾸었다는 소식을 도면과 함께 전해 왔다.

　이 밖에도 세계 각지에 퍼져 있는 태권도 도장에 걸린 동해 표기 지도는
자연스럽게 그 수강생에게 동해를 전달하는 일을 수행한다. 세계 주요 도
시에 있는 한국어학당 역시 동해를 전달하는 좋은 통로다. 동해 명칭을 위
한 거버넌스의 형성은 아직도 진행 중이다.

12장. 일본과의 중재는 가능한가

일본 전문가를 찾아서

이 책에서 수시로 언급되는 바다 이름 국제세미나는 마지막 패널 토론을 통해 이후 추진할 과제를 정리한다. 외국 참가자들이 항상 제안하는 것은 일본과의 대화가 이어져야 할 것이며 이를 위해 일본 전문가를 초청하자는 것이다. 세미나의 학술적 성격을 이어가며 한국, 일본, 그리고 제3국의 전문가가 해결 방안을 찾아보자, 또는 적어도 해결을 향해 가기 위한 어젠다를 정리하자는 매우 의미 있는 제안이다.

실제로 이 세미나의 정립 단계에서 일본 학자를 초청하는 것은 매우 중요한 사항으로 되어 있었다. 초기에는 일본에서 동북아시아 연구(그들의 이름으로 '환일본해(環日本海) 연구')에 주력했던 니가타대학 학자가 주요 초청 대상이었다. 2001년까지 참석했던 이들은 역사와 고지도 연구 결과에 바탕을 두어 '동해'를 '일본해'와 함께 이해하려 노력했던 것으로 보인다. 1999년 참석했던 후루야마 교수는 제3의 이름으로 '녹해(綠海)'를 제안한 바 있다(4장 참조).

한동안의 시간이 흐른 후 세미나의 담론이 정리되면서 일본 학자 초청 두 번째 단계가 시작된다. 이제는 일본 정부와 입장을 공유하는 학자로부

[표 12-1] 일본 학자와 언론인의 〈바다 이름 국제세미나〉 참여

1. 발표

연도	참석자	소속	발표 주제
1995	아오야마 히로오(青山宏夫)	니가타대학	고지도로 본 일본해 호칭
1997	시부야 다케시(渋谷武)	니가타대학	환일본해 연구의 보폭과 의도
1999	후루야마 타다오(古厩忠夫)	니가타대학	일본해: 그 세 개의 과거와 호칭 문제
1999	구시야 게이지(櫛谷圭司)	니가타대학	지도에 나타나는 '일본해'의 역사와 그 대안적 관점
2001	요시이 겐이치(芳井研一)	니가타대학	바다 명칭의 대중화와 관련된 역사상의 제 문제
2010	와타나베 코헤이(渡辺浩平) 야지 마사타카(谷治正孝)	데이쿄대학 요코하마대학	일본해 지명에 대한 연구
2011	와타나베 코헤이(渡辺浩平)	데이쿄대학	'Mare de Japã'와 '동해(Donghae)'의 영어 표현
2011	야지 마사타카(谷治正孝)	요코하마대학	19세기 말까지 일본에서의 '日本海' 표기
2016	와타나베 코헤이(渡辺浩平)	데이쿄대학	누구의 지명인가? 지명에 대한 일 고찰
2017	다나베 히로시(田邊裕) 와타나베 코헤이(渡辺浩平)	도쿄대학 데이쿄대학	방위 지명에 관한 고찰

2. 토론

연도	참석자	소속	연도	참석자	소속
1995	유키오하나부사 (花房征夫)	일본 아시아 경제연구소	2001	이무라테쓰오 (井村哲郎)	니가타 대학
2016	기미야다다시 (木宮正史)	도쿄대학	2016	야마다하루미치 (山田晴通)	도쿄경제 대학
2016	하코다데쓰야 (箱田哲也)	아사히신문	2018	호리야마아키코 (堀山明子)	마이니치 신문
2018	구로다가쓰히로 (黒田勝弘)	산케이신문	2020	토요우라준이치 (豊浦潤一)	요미우리 신문

터 일본해 단독 표기 주장의 논리를 듣고 해결의 실마리를 찾아가자는 의도로 초청자를 선정했다. 일본해 단독 표기를 정당화하는, 때마침 출판된 책자의 저자[1]가 대상이었다. 이들은 2010~2011년, 2016~2017년 세미나에 참석해서 그들의 주장을 펼쳤다.

'日本海'의 사용 역사를 볼 때, 이 명칭은 일본의 영향력 없이 정착되었다는 점, 그리고 '동해'는 방위에서 비롯된 지명이라 고유명사가 될 수 없다는 내용이 핵심이었다. 일본 정부의 입장과 별반 다르지 않은 학술적 뒷받침이었지만, 한국과 제3국의 전문가들과 때로는 치열한 공방을 벌이면서도 기본적으로 학자의 식견에 기반을 두고 의견을 나누었던 것은 매우 의미 있는 진전이었다고 판단한다.

2016년부터는 한일 관계에 관해 연구하고 보도, 논설했던 학자와 언론인이 초청 대상이 되었다. 한일 관계의 맥락에서 이 이슈를 이해하고 현실적인 해법을 추구하기 위함이었다. 도쿄대학의 한국 전문가와 한국에 파견되어 취재하고 논설을 썼던 일본 주요 언론사 언론인은 일본의 정서를 전달해 주고 그들의 경험에 비추어 의미 있는 제안을 해 주었다.

일본 학자와 언론인의 시각

일본 학자와 언론인이 전하는 그들의 시각은 다음 네 가지로 요약된다. 일

---

1) 『지명의 발생과 기능: 일본해 지명의 연구(地名の発生と機能: 日本海地名の研究)』라는 제목으로 2010년 출판된 일본어와 영어 대조본 책자로서, 한 면에는 텍스트, 다른 한 면에는 도면을 실었다. 저자는 데이쿄대학(帝京大学) 지명연구회로 하고 다나베 히로시(田邊裕), 야지 마사타카(谷治正孝), 다키자와 유미코(滝沢由美子), 와타나베 고헤이(渡辺浩平)의 네 사람을 등재했다. 와타나베 교수가 데이쿄대학 소속이다. 日本財団(Nippon Foundation)과 협력하여 발행했다고 적고 있다.

본해 단독 표기의 정당성을 뒷받침하는 근거와 주장은 제외했다.

첫째, 동해 표기는 명칭 사용의 문제로서 한일 간 주요 이슈에서 높은 우선순위가 부여되기는 어렵다는 의견이다. 영토 문제로 주기적으로 제기되어 관심을 끄는 독도 이슈와 연계해 인식할 수는 있겠지만, 독자적으로 주목을 끌 만한 주제가 되기는 부족하다는 것이다. 그러나 평화를 지향하는 다른 이슈와 함께 논의한다면 명목과 실리 면에서 타당한 논의의 대상이 될 수 있을 것이라는 의견을 덧붙인다.

둘째, 마찬가지로 중요성 인식의 문제로서, 동해 표기에 대한 한국인의 민감성을 일본 언론에 이해시켜야 한다고 말한다. 일본의 언론, 학자, 국민은 이 문제를 그리 심각하게 생각하지 않으며 관심도 없다는 것이다. 이들을 문제 해결을 위한 테이블로 초대하기 위해서는 인식의 제고가 절실하며, 한국 측의 생각과 제안을 정확히 전달하는 것이 필요하다고 한다.

셋째, 두 이름을 함께 쓰자는 한국의 제안이 투명해야 하며, 이 제안의 수용이 일본에게 가져다줄 혜택이 분명해야 한다고 한다. 병기가 최종 목표인지, 아니면 다시 단독 표기를 추진할 것인지 명확한 입장이 있어야 한다는 것과 일본해 단독 표기가 이미 주어진 상황에서 병기를 수용할 이유를 보여달라는 것이 핵심이다(4장, 8장 참조).

넷째, 명칭 자체의 문제로서 '동해'는 방위를 나타내는 상대적인 이름으로서 보편성을 갖는 고유 명칭이 될 수 없다고 한다. 이 의견은 일본의 서쪽 바다에 대해 '동쪽 바다'라는 의미의 명칭을 받아들일 수 없는 그들의 정서가 반영된 것으로 볼 수 있다.

이 네 가지 시각 중에서 첫째와 둘째는 인식 제고의 문제로서 전문가와 언론의 끊임없는 노력이 있어야 할 부분이라고 본다. 한일 관계를 담당하는 정치, 행정가 또는 연구자들이 그들의 업무 또는 연구 리스트에서 유념할 부분이기도 하다. 국제정치학자 이원덕 국민대 교수는 동해 명칭 이슈를 대일 외교 협상에서 어떤 타이밍에 어떤 방식으로 어젠다화 해야 할 것인지, 어떤 이슈와 연계하여 다뤄야 하는지는 매우 전략적인 접근이 필요한 문제이며, 따라서 공공 외교의 추진이 필요하다고 조언한다(Lee, 2020).

병기 제안의 투명성에 대해서는 일본이 다른 이슈에 대한 과거의 경험으로부터 오해하지 않도록 분명하게 말할 필요가 있음은 4장에서 언급한 바와 같다. 두 이름을 함께 쓰는 혜택에 대해서는 8장에서 상세하게 서술한 바와 같이 현재 담론을 쌓아가고 있으므로 앞으로 이에 대한 보완과 공감대 형성이 있기를 기대한다.

'방위 지명' 동해의 문제는 2010년부터 세미나에 참가한 일본 학자들이 일관되게 주장하는 것이고, 이 중 원로 학자인 타나베 교수가 그의 근저에서도 강조하는 점이다(田邊裕, 2020). 이 논리는 자국 중심의 방위 지명인 동해와 반대로 Sea of Japan이 서양 탐험가와 지도제작자에 의해 일본의 영향 없이 정착된 고유 명칭으로서 적절하다는 점을 뒷받침할 때 사용된다.

따라서 명칭에 관하여 합의를 한다고 하면, 동해와 일본해 이외에 제3의 이름이 대상일 수밖에 없는 상황이다. 그러나 이 대안은 준비를 위해서만 엄청난 노력과 정지 작업이 필요하다고 본다(4장 참조). 따라서 현재로서는 한국은 '동해,' 일본은 '日本海'를 쓰고 국제적으로는 두 이름의 각 언어 표기를 병기하는 것이 가능한 해법인 것으로 보인다. 동해와 일본해가 상대국에 거부감을 준다면, 토착지명을 로마자 표기한 'Donghae'와 'Nihonkai'가 또 다른 대안이 될 수 있음은 4장에서 언급한 바와 같다.

반복되는 일본 정부의 강력한 대응

일본 정부가 East Sea 명칭의 확산에 심각성을 느낀 것은 2000년대 중반인 것으로 보인다(1장 참조). 내용이 보강된 홍보 브로슈어와 동영상을 제작해 배포하고 국제회의 석상에서 보다 강한 발언을 시작한 것이 이 시점이었기 때문이다.

일본 외교관은 논의의 맥락에 상관없이 미리 준비된 발언문을 읽으면서 먼저 문제를 제기한다. 일본해가 국제적으로 정착된 명칭이기 때문에 어떤 변화도 필요 없고, 한국은 정치적 이유에 의해 근거 없이 자국에서 쓰는 동해의 영어 번역 East Sea의 사용을 주장한다는 요지다. 동해 표기의 해결 방안을 논의하는 바다 이름 국제세미나는 정치적 선전이 이루어지는 장이라고 폄하한다. 이 관행은 2021년 5월 열린 제2차 유엔지명전문가그룹(UNGEGN) 총회까지 계속되었다. 화상 회의의 특성으로 서면으로 이루어진 것만이 다른 점이었다.

일본의 학자가 유엔지명회의에 참여한 것은 2012년이 되어서였다. 앞서 언급한 2010년 저작의 저자들이었고, 이들은 이후 외래지명 워킹그룹(Working Group on Exonyms)에 참여해 논문을 발표하고 회의 결과를 모은 편집서에 기고했다. 주로 대양(ocean)의 명칭에 대한 논의(동해가 주권이 미치지 않는 공해임을 강조하기 위한)였다. 이 중 와타나베 교수는 2017년 이래 이 워킹그룹의 의장직을 맡고 있다.

이들은 기본적으로 일본 정부의 입장과 다르지 않지만, 학술적인 근거로 접근하는 것은 희망적인 일이라 평가된다. 학술 논의의 길이 열린 것이고, 이를 진행하다 보면 합의점을 찾을 수도 있을 것이기 때문이다. 유엔지명전문가그룹 집행부에 한국 대표가, 워킹그룹 의장까지 포함하는 확대 집행부에 일본 대표가 있어 양국 외교관들이 회의 석상에서 펼치는 팽팽한 긴장을 풀 수 있으리라는 기대도 없지 않다.

그래도 대화는 계속되어야 한다

일본 정부가 더욱 강력해진 대응의 방향을 채택한 상황에서 동해 이슈를 해결하기 위한 정부 간 대화의 물꼬가 터지기를 기대하는 것은 어려워 보인다. 당사국 간 협의하라는 유엔지명회의와 국제수로기구의 권고에 따라 2010년 전후하여 한국과 일본 외교부의 과장급 회의가 몇 차례 열렸지만, 평행하게 펼쳐지는 각국의 입장을 확인하는 데에 그친 바 있다. 한일 수로기구가 매년 개최하는 기술 회의에서도 이 문제를 다루려고 했지만 성사되지 못했다.

오랫동안 병기를 지지해 온 스톨트먼 교수는 평화와 인권을 존중하는 시민단체가 일정 역할을 담당할 것을 제안하지만(8장 참조), 어느 한쪽의 주장에 치우치지 않고 보편 가치에 의해 이 문제를 협의할 만한 주체는 아직 두 나라 중 어디서도 발견되지 않는다. 더욱이 일본은 정부를 제외하고는 이 문제에 대한 관심을 찾아보기 어렵다. 관련 주체를 찾더라도 협력의 효과와 필요성에 대한 확신을 갖고 임하는 것은 또 다른 일이다.

결국은 중립적, 객관적 가치를 중시하는 학계의 역할을 기대할 수밖에 없다. 동해연구회는 2016년부터 3년간 일본에 있는 학계와 언론계의 한일 관계 전문가 또는 한국인 교수를 방문하여 간담회를 가졌다. 동해 표기와 관련된 일본 여론 주도층의 의견을 파악하기 위한 선행 작업이었다. 2017년에는 도쿄 게이오대학에서 한일 관계 전문가와 워크숍을 했고, 2018년에는 오사카 총영사의 초청으로 오사카 지역에서 활동하는 한일 관계 전문가, 언론인, 한국인 교수를 한 자리에 초청하여 간담회를 했다.

결과는 앞서 언급한 국제세미나 참석자의 의견과 다르지 않았다. 일본 내에서 이 문제에 대한 이해가 있는 집단은 거의 없으며 방위를 나타내는 '동해'를 이해하지 못할 것이고, 일본 정부는 독도 문제에 연결하여 일본 해 단독 표기에서 결코 양보하지 않을 것이라는 점이 공통된 의견이었다.

동해 표기는 한국과 일본 간의 역사적, 문화적 공감대 차원에서 접근해야 하기 때문에 한국과 일본 간에 장기간 여러 레벨에서 최대한 서로 소통해야 하는 사안이라는 점에 공감대를 가진 것은 일련의 대화가 가져온 성과였다. 더욱 희망적이었던 것은 한국과 일본의 전문가들이 비공식 워크숍 혹은 포럼을 갖는 방안에 대해 일본 언론인, 교수, 한인 학자 모두 동의했다는 점이다. 이러한 성격의 집담회가 차세대 학자까지 참여하여 활성화되기를 기대한다.

국제 학술회의를 플랫폼으로

순수 학술회의에서 명칭 문제를 논의하는 것은 동해 표기에 대한 직접적인 토론의 부담을 줄이는 좋은 방법이다. 그 하나가 세계지리학연합(IGU)과 국제지도학회(ICA)가 공동으로 운영하는 지명위원회(Commission on Toponymy)이다. 지명 표준화의 범위를 넘어서는 학술적 수요를 충족시키기 위해 유엔지명전문가그룹에 참여한 전문가를 중심으로 2011년에 설립된 이 학술 그룹은 지명에 관한 다양한 주제를 수용하며 참여하는 전문가 간 밀접한 교류가 가능하게 해 준다.

이 학회가 주관한 학술회의의 주제로는 공간 정체성의 표시자이자 요소인 지명(2012), 지명의 지리적 측면(2014), 사회적 구성체로서 지명

세계지리학연합(IGU)과 국제지도학회(ICA) 공동의 지명위원회(Commission on Toponymy)는 한국과 일본의 학자 간 표기 관련 논의를 확대할 수 있는 좋은 플랫폼이 될 수 있다. 사진은 2019년 7월 도쿄에서 개최된 대회에 참석한 주요 인사들을 보여 준다. 앞줄 왼쪽부터 페터 요르단 ICA 측 회장, 코시모 팔라지아노 IGU 측 회장, 타나베 히로시 도쿄대 명예교수, 와카나베 코헤이 데이쿄대학 교수. 뒷줄 가운데는 해양수심도위원회(GEBCO) 운영위원인 성효현 이화여대 명예교수다.

ⓒ 주성재, 2019. 7. 16.

(2016), 공공 공간의 지명 사용(2018) 등이 있다. 2019년 도쿄 대회에는 각국 지명위원회 운영 경험을 공유하는 특별 세션이 구성되었고, 필자는 한국의 국가지명위원회를 소개하는 기회를 가졌다. 현재 필자와 와타나베 교수가 운영위원으로 되어 있어 수요 지향적 주제로 한일 전문가를 초청할 여력이 있다.

한일 관계 맥락에서 동해 표기를 바라보는 토론의 장도 만들어지길 기대한다.[2] 이를 위해서는 먼저 한일 관계의 다른 이슈와 적절한 포지셔닝으로 연구의 어젠다에 포함시키는 일이 선행되어야 한다. 이 문제에 대한 일본 내 논의와 의사 결정이 어떻게 진행되는지, 그 과정과 활동 주체를

2) 이 단락은 국민대학교 〈일본학연구소〉 주최 콜로키엄(2018. 5. 4.)에서 필자가 제안했던 내용을 기초로 서술했다.

확인하는 것, 한국과 일본 사이에 협상이 진행될 수 있다면 이익과 혜택은 무엇인지, 다른 이슈와는 어떻게 연계되는지 밝히는 것은 흥미로운 주제가 된다. 이 이슈를 위해 학계가 어떤 과정으로 관심을 공유하는지도 재미있는 관찰 사항이다. 필요하면 공동 회의와 같은 가시적 협력을 기대할 수 있다. 또한 시민단체의 활동 영역이 어떻게 존재할 수 있는지를 밝히는 것도 하나의 주제가 된다.

교육기관 간의 학술적, 실무적 대화도 가능한 일이라 본다. 교육이 추구하는 다양성의 가치를 지명의 사용과 연결하는 시도는 충분히 의미 있을 것이다(8장 참조). 이를 위해 두 이름을 함께 쓰는 것이 해법이 될 수 있는지 교육의 이론과 실제에 바탕을 둔 논의가 가능할 것이다. 한국과 일본의 교육자들이 이 문제를 놓고 함께 머리를 맞대고 대화할 수 있다면 문제의 해결은 가깝다.

한국과 일본 사이에 이러한 학술 교류가 정착되면, 이 이슈에 무심한 중국과 러시아의 전문가들도 언젠가는 끌어들일 수 있으리라 본다. 러시아는 동해 수역을 접하고 있는 나라의 하나로서, 중국은 동아시아의 중요한 활동 주체로서 동해 표기 문제에 결코 무관심할 수 없다는 것을 인식하는 날이 올 것을 기대한다.

13장. 동해 표기의 미래

동해 명칭 확산 30년

2020년 9월 강릉에서 열린 바다 이름 국제세미나에 참석한 일본 유력 언론사 서울지국장은 동해/일본해 이슈가 '문제'인지 '운동'인지 물었다. 문제라면 해답이 있고 끝이 보여야 하며 해결을 위한 협상이 있어야 하는데, 자신이 보기에는 해법 없는 끝없는 운동으로 보인다는 의미였다. 여기에는 한국이 제안하는 병기 또는 병용이 끝이 아니고(이를 달성하면 다시 단독 표기로 이어질 것이라는), 한국의 일방적인 운동으로 지속될 것이라는 강한 의구심이 묻어 있었다.

　이것은 사실이 아니다. 동해 명칭 확산의 거버넌스를 구성하는 주체 중에(11장 참조) '캠페인'의 성격이 강한 활동을 추구하는 단체도 있지만, 한국의 정부와 전문가가 지난 30년간 주력했던 것은 당사국 간에 대화와 합의를 통해 문제를 해결하자는 것, 적어도 문제 해결을 위한 실마리를 찾아보자는 것이었다. 일본뿐 아니라 또 다른 당사국인 북한과 러시아를 이 해결의 장으로 초청하기를 원했고, 이웃 국가인 중국도 관심을 갖기를 기대했다.

그 시작은 동해/일본해 지명 분쟁으로 인식시키는 것이었고, 1992년 유엔지명표준화 총회를 기점으로 이 시각은 세계 모든 나라, 모든 국제기구로 확산했다. 1장의 내용을 반복하자면, 문제 해결의 제안은 "동해 수역의 이름은 분쟁 중에 있으므로 당사국 간에 합의해야 할 것이며, 합의 전까지는 두 이름을 함께 쓰자"는 것이었다. 분쟁 해결을 위한 초청에 세계 지명 전문가들은 기꺼이 응했고 그들의 경험과 지혜를 나눠 주었다. 그 결과 사회정의, 평화, 인권, 평등, 알 권리와 같은 인류 보편 가치에 근거한 분쟁 해결의 담론을 쌓아 갔다. 문제 해결이 각 주체에 가져다주는 혜택과 이익에 대한 논의도 축적되고 있다.

바다 이름 국제세미나 25주년을 맞으면서 그동안의 성과를 정리한 다음 포인트는 여전히 유효하며 앞으로도 주목해야 할 것으로 본다(Choo, 2017, 251).

- 같은 지형물이라 하더라도 이름을 부여할 때 여러 다른 인식과 정체성 또는 다른 언어적 배경에서 비롯되는 다양한 관점, 때로는 상반된 관점이 존재한다.
- 모든 관점은 어떤 형태로든 존중되어야 한다. 이것이 공동체, 언어집단, 민족, 국가 사이에 평화와 사회정의를 달성하는 길이 될 것이다.
- 지명 분쟁을 해결하는 것은 당사국을 위해 좋은 일일 뿐 아니라 제3의 주체에게도 이익이 된다. 해결책을 찾아가는 것, 적어도 해결을 위해 노력하는 것은 가치 있는 일이다.
- 동해/일본해 명칭은 해결을 위해 노력해야 하는 세계 주요 바다 이름 분쟁 중 하나다.

혹자는 동해/일본해 분쟁의 해결이 정치적 해법에 의해 갑작스럽게 올 수도 있음을 예측한다. 양국의 지도자가 한일 간 다른 이슈와 함께 타협의 아이템으로 삼을 수도 있다는 것이다. 그러나 일상에서 부르는 명칭과 같이 민감한 문제에 대하여 국민 설득이 쉽게 이루어질 것이라 믿는 사람은 거의 없어 보인다. 양국의 확신이 있어야 하고 이러한 대화가 이루어지기 위한 분위기가 무르익어야 하기 때문이다. 문제 해결을 위한 활동은 각 레벨의 주체에게 여전히 필요하다.

IHO의 결정 이후에도 명칭은 여전히 중요하다

2020년 11월, 국제수로기구(IHO)의 '숫자로 된 고유 식별자' 도입 결정 이후 받는 질문은 "이제 명칭은 없어지는가" "동해 명칭 확산 활동은 이제 그만하는가"이다. 대답은 간단하다. 그렇지 않다. 이 결정은 해양과 수로 업무의 국제적 표준화가 주요 업무인 IHO가 그 문서와 해도에서 바다를 지칭할 경우 명칭 대신에 새로 개발될 코드를 사용하겠다는 것이다. IHO 이외의 다른 명칭 사용자가 이 방식을 따라야 할 의무나 이유는 없다.

오랫동안 해양을 활동 무대로 삼았던 예비역 해군 제독 최양선 동명대 교수는 기존 명칭의 중요성을 다음과 같이 강조한다.

"디지털화된 지도/해도라 할지라도 기존의 지명이 사라지거나 변경되는 것은 아닙니다. AI 세계에서 AI 선장이 사용하는 것과 무관하게 인간은 인간 세계의 인식과 지식 범위 내에서 존재하는 지명을 사용하게 되므로, 공식적으로 존재하는 지명 관련 문서 또한 향후에도 중요한 역할을 할 것입니다(Choi, 2020)."

동해 병기 추진에 대해서는 장동희 전 국제표기명칭대사의 다음 간단한 언급이 정곡을 찌른다.

"동해 병기는 단순한 항해 목적만을 위한 것이 아니기 때문에, IHO의 숫자로 된 수역 체계 채택 여부와 관계없이 계속 추진해야 할 우리의 책무입니다(Chang, 2020)."

IHO가 바다 이름의 중요한 사용자로서 그 변화의 영향력이 큰 것은 분명하지만, 국제사회에는 여전히 많은 사용자가 있고, 이들 세계 시장을 대상으로 하는 동해 명칭의 확산은 계속되어야 할 과제다. IHO에서 이 문제가 일단락되었다고 볼 때, 오히려 다른 영역에서는 각 명칭의 타당성을 강조하려는 시도가 더 크게 나타날 수도 있다. 한국으로서는 이 결정에 이르기까지 IHO가 동해 표기에 대해 고민했던 과정을 각국 정부와 지도제작사에게 알리는 일이 필요할 것이다.

IHO의 변화는 디지털 시대의 현대화 과정이라 불려졌다. 그 시작의 동기가 무엇이든, 디지털 기술이 명칭 표기에 미칠 영향은 IHO를 넘어 다양한 영역에서 진단하고 새로운 방향 정립으로 이어져야 한다. 필자는 10장에서 그 화두를 던지고 앞으로 더욱 풍성히 채워지길 기대했다.

지속적으로 강조할 분쟁 해결의 혜택과 일본에 대한 설득

해양학자인 박재훈 인하대 교수는 그의 자연과학 연구가 명칭 때문에 막혀 있는 현실을 안타까움으로 호소한다(Park, 2020). 그는 동해에서 발생하는 물리적 해양 현상에 대해 연구, 발표했던 20여 편의 학술 논문에서 동해에 두 이름(Japan/East Sea)을 함께 사용했고 이는 아무 문제 없이 받아들여졌다. 그러나 그가 과학적 생산성을 높이기 위해 이러한 연구를 일본 학자와 공동으로 수행하려 했을 때 그는 시작조차 할 수 없었다. Sea of Japan 단독 표기가 아니면 함께 할 수 없다는 대답을 들었기 때문이다. 일본에서 발행하는 학회지 투고도 마찬가지 이유로 불가능했다. 표기 분쟁이 과학 교류와 연구 성과의 생산을 가로막고 있는 것이다.

비슷한 논란은 필자가 잠시 참여했던 한일 공동 연구에서도 나타났다. 한국과 일본의 경제협력 대상을 '환동해권 경제권'으로 칭할지 '환일본해권 경제권'으로 부를지의 문제였다. 각국의 연구 재원이 공공 부문에서 조달되면 이 문제는 더욱 복잡해진다. 길지만 '환동해/환일본해 경제권'(일본에서는 「環日本海/環東海 經濟圈」)으로 부를 수는 없는 것인가?

일본에 대한 설득은 어떤 형태로는 지속해야 할 것으로 본다. 분쟁 해결이 가져다줄 혜택이 합리적이고 현실적으로 개발되고 공유되기를 기대한다. 이에 대한 필자의 논의는 이미 정리하였으므로(8장, 12장 참조), 앞의 두 인용과 마찬가지로 2020년 바다 이름 국제세미나에서 개진된 세 전문가의 의견을 인용하기로 한다.

"한일 간에는 일본군 위안부 피해자 문제 등 다양한 사안에 대한 인식에 차이가 있습니다. 이 중 동해 병기 문제는 일본이 해결할 수 있는 가장 쉬운 문제라고 생각합니다. 왜냐하면 한일 양국이 지명 표기 원칙에 근거하여 진지하게 협의한다면 다른 역사 인식 문제와는 달리 충분히 합의에 도달할 수 있다고 보기 때문입니다. 이 문제의 해결은 한일 간 원-윈의 사례가 될 것이며, 이는 다른 역사 현안의 해결에도 긍정적인 영향을 미칠 것으로 봅니다." – 김영원 한국외국어대 교수, 전 국제표기명칭대사(Kim, 2020)

"동해 병기를 추진하는 것은 기본적으로 한일 간의 호혜적이고 평화 지향적 발전을 추구하는 것으로서, 한일 관계를 대립과 마찰의 악순환으로부터 탈피시켜 미래 지향적 협력 관계로 발전시켜 나가려는 목적과 합치되는 것이라는 점을 강조해야 할 것이고, 이 점을 일본 측에 어필할 필요가 있습니다." – 이원덕 국민대 국제학부 교수(Lee, 2020)

"동해/일본해 병기 문제는 객관성, 합리적 이성, 상식 같은 공통의 가치 위에서 출발해야 하며 그래야만 지속 가능할 수 있다고 봅니다. 동해/일본해 병기 문제가 양국 간의 애국주의 대결이나 국수주의적 주장으로 가 버려서는 안될 것입니다. 특히 언론의 보도는 더욱 불편부당하게 다뤄져야 합니다." – 윤경호 매일경제 논설위원(Yoon, 2020)

미래 지향적 분쟁 해결의 단계로 나아가야

이 장의 도입 부분에서 언급했던 일본 언론 서울지국장은 또한 동해/일본해 이슈가 역사 문제인지를 물었다. 위안부나 징용 배상과 같이 사실 확인과 역사적 관점의 해석이 필요한 문제로 보아야 하는지에 대한 문제 제기로 해석되었다. 역사 문제가 맞다면 다른 이슈와 같이 길고 긴 논쟁이 필요한 문제 아닌가라는 냉소적인 반응으로 해석할 수도 있었다.

한일 관계 전문가인 이원덕 교수는 이러한 관점을 경계해야 한다고 충고한다. 동해 병기 추진이 기존의 한일 과거사 문제와 연계되면 한국의 대일 민족주의 주장으로 오해받을 가능성이 있다는 것이다(Lee, 2020). 동해 병기를 한국의 대일 역사 공세, 역사 전쟁의 전선 확대로 보는 일본인으로서는 한번 한국에 밀리면 끝없는 요구로 이어질 것이라는 피해 의식을 갖고 있다고 해석한다. 단독 표기까지 이어질 끝없는 '운동'을 계속할 것 아닌지의 의구심과 동일한 반응이다.

그러면 앞으로 동해 명칭의 정당성을 전달하고 분쟁 해결의 방법을 제안하는 데에 어떤 점을 강조해야 하는가? 미래 지향적 분쟁 해결의 단계로 나아가기 위해 이 책에서 누누이 강조했던 바는 동해/일본해 분쟁지명의 해결이 당사국만의 문제가 아니라 지명을 사용하는 세계의 모든 사용자가 관심을 갖고 보아야 할 주제라는 것이었다. 인류가 공동으로 쌓아 온 가치를 근거로 함께 고민하자는 제안에 대해 각국의 정부, 교육 기관, 국제기구, 전문가, 사용자 시장을 포함한 다양한 주체들이 어떻게 반응했는지를 전달하고자 했다.

이 제안은 미래에도 여전히 중요할 것이다. 인류 보편 가치에 근거한 해결의 당위성과 실행의 방법은 지속적인 논의의 대상이 되어야 한다. 역사의 흔적을 찾아보는 것은 중요한 일이지만, 이를 어떤 주장의 도구로 사용하는 것은 과거 지향적 사고라는 평가를 받을 수 있음에 주의해야 한다. 일본이 한반도를 지배할 때 국제기구에서 '일본해'가 어떤 논의도 없이 채택된 것은 명백한 사실이지만, '일본해'는 식민주의의 유산이고 '동해'를 회복하는 것은 탈식민주의의 성과라는 단순화된 관점은 전적인 지지를 받지 못하고 있다. 논의의 효과나 효율성 측면에서 검토할 주제라고 본다.

유엔의 발의로 2030년까지 전 세계적으로 추진하고 있는 '지속가능발전목표(Sustainable Development Goals, SDG)'는 새로운 논의를 발전시킬 수 있는 미래 지향적 플랫폼이 될 수 있을 것이다. 목표 4(질 높은 교육), 목표 11(지속 가능한 도시와 공동체), 목표 16(평화, 정의, 강력한 제도)이 직접적인 대상이다. 목표 4의 타깃 4.7(지속 가능 발전과 세계 시민 의식을 위한 교육)은 목표 11의 타깃 11.4(세계 역사, 자연 유산의 보호),

동해를 알리는 데에는 여러 방법이 있다. 사진은 그동안 동해연구회에서 제작한 홍보물을 보여 준다. 왼쪽은 동해에 서식하는 해산물을 바탕 디자인으로 한 브로슈어, 위 세 개는 IHO 총회에서 배포했던 동해 심층수와 커버 디자인, 아래 가운데는 동해 소금, 오른쪽은 동해가 세계적인 귀신고래(gray whale)의 서식지임을 강조한 이미지이다. 이들은 모두 동해의 가치를 보여 주는 유산이며, 그 명칭의 중요성을 확인시켜준다.

출처: 동해연구회.
사진 ⓒ 주성재, 2014. 10. 8.; 2014. 4. 27.

목표 16의 타깃 16.3(통제 규칙 촉진과 정의에 대한 동등한 접근성 확보), 16.7(대응적, 포용적, 대표성 있는 의사 결정), 16.8(글로벌 거버넌스에의 참여 강화), 16.10(정보에 대한 공공의 접근 확보와 근본적 자유의 보장)과 연결되어 문화적 다양성을 확보하고, 결과적으로 지명 분쟁 해결의 목표로 이어질 수 있을 것으로 보인다. 이에 대한 담론의 발전을 기대한다.

생각의 발전을 기대하며

이 책, 『분쟁지명 동해, 현실과 기대』를 마무리 지으며 세 가지 제안을 하고자 한다. '생각의 발전'이라 했지만, '도발적인 제안'이라 하는 것이 더 어울릴지 모른다.

첫째, 세계 지도나 문서에 표기된 Sea of Japan을 '오류(error)'라 말하지 말자. 지명을 사용하는 주체는 그들에게 주어진 정보와 지식을 종합하여 지명을 선정한다. 그들의 판단은 존중되어야 하며, 이러한 현실을 인정해야 변화를 시작할 수 있다. 중요한 것은 각각의 정체성이 담겨 있는 두 개의 명칭 중에서 하나만을 사용함으로써 훼손할 수 있는 가치와 누리지 못하는 혜택을 말하면서 두 개의 명칭을 함께 써야 하는 당위성을 차분히 설득하는 일이다.[1]

둘째, '하나의 지형물, 하나의 지명' 원칙에 기반해 그 하나의 지명(관용 지명)으로 Sea of Japan을 수록하는 다른 나라의 정책을 비난하지 말자. 오히려 '하나의 지명' 원칙이 그들의 역사와 사회적 맥락에서 도출된 원칙임을 이해한다는 전제하에서, 이 원칙이 배제하는 지명의 문화유산적 다양성 문제를 지속적으로 제기하고 토론해야 할 것이다. East Sea의 사용이 더욱 확산하면 관용 지명으로 인정될 수 있음을 기억하고 그 노력을 지속하는 일이 필요하다.

셋째, 병기의 제안을 한국에서 먼저 실행하자. 한국이 제안하는 것은

---

1) 이것은 한반도 인접 바다에 표시된 Sea of Japan, 또는 한국 영화나 드라마의 대사에 나오는 '동해'를 '일본해'에 해당하는 각 언어로 번역하는 것과는 다른 문제다. 한국의 바다를 표현하는 경우, 동해, East Sea, 또는 이에 해당하는 각 언어의 표기 이외의 명칭은 모두 오류이며 시정되어야 할 사항이다. 이 경우도 마찬가지로 도면과 문서의 맥락, 대사에 표현된 '동해'의 정서를 함께 전달해야 할 것이다.

'동해'의 각 언어 표기를 함께 쓰자는 것이므로, 이에 맞추어 한국에서 영어, 프랑스어, 스페인어, 독일어로 제작하는 지도에 East Sea, Mer de l'Est, Mar del Este, Ostmeer를 Sea of Japan, Mer du Japon, Mar de Japón, Japaneses Meer와 함께 적자는 것이다. 이러한 표기는 언어 기반의 접근 방법으로서 각 언어에서 쓰는 표기를 따르는 보편 원칙과 일치한다. 이 원칙을 적용하면, 한국어로 만드는 지도에는 당연히 '동해'를 표기하겠지만, 일본어로 제작하는 지도나 문서에는 '日本海(にほんかい)'를 표기하는 것이 적절하다.

이 세 가지 제안을 고려하는 것은 동해 명칭 확산을 위한 성숙한 태도로 받아들여질 것이다. 이에 대한 논의가 시작되기를 기대한다.

2021년 4월, 한 언론의 기자 칼럼이 눈길을 끌었다. 일본의 한국어판 관광 팸플릿에 사용된 '동해'를 보고 우리라면 용납할 수 있을까 문제를 제기한 글이었다. 기자가 열차에서 가져왔다는 왼쪽 팸플릿을 보면, 언어에 따라 적는 원칙에 따라 한국어에는 '동해,' 영어에는 그들의 판단에 따라 'Sea of Japan'을 적고 있다. 오른쪽은 국토지리정보원에서 제작한 영어 세계 지도의 동아시아 부분이다. 여기에 Sea of Japan을 병기하자고 하면 지나친 일일까?
출처: 이한수, 「누가 어른스러운가」, 《조선일보》 [태평로], 2021. 4. 5.; 국토지리정보원.

| 참고문헌 |

국토지리정보원, 2013, 『국제적 관심지명 조사 및 대응방안 연구』.

김영훈, 2021, 디지털시대의 지명 데이터의 특징과 전망, 동해연구회 편, 『동해 명칭의 국제적 확산: 현황과 과제』, 서울: 경희대학교 출판문화원, pp.355-390.

서정철·김인환, 2014, 『동해는 누구의 바다인가: 고지도에서 찾은 동해와 일본해의 역사와 진실』, 파주: 김영사.

심정보, 2007, 「일본에서 일본해 지명에 관한 연구동향」, 『한국지도학회지』, 제7권 제2호, pp.15-24.

_____, 2017, 『불편한 동해와 일본해』, 영남대학교 독도연구소 독도연구총서 18, 서울: 밥북.

유의상, 2020, 동해 명칭 문제의 현황과 향후 과제, 『사단법인 동해연구회 제35차 이사회 자료(2020. 6. 19.)』.

이기석, 2004, 「지리학 연구와 국제기구: 동해 명칭의 국제표준화와 관련하여」, 『대한지리학회지』, 제39권 제1호, pp.1-12.

이상태, 1995, 「歷史 文獻上의 東海 表記에 대하여」, 『사학연구』, 50집, pp.473-485.

이창수, 2011, 일본의 고전신화 속에 보이는 동해(東海), 동해연구회·한국해양연구원 주최 워크숍 『동해와 한국인의 삶』 발표논문집.

任德淳, 1992, 「政治地理學的 시각에서 본 東海 地名」, 『地理學(대한지리학회지)』, 제27권 제3호, pp.268-271.

주성재, 2004, '동해' 표기, 감정보다 논리로 풀어야, 2004. 11. 26., 《중앙일보》 오피니언.

_____, 2005, 「지명의 국제적 표준화 원리와 동해 표기 문제」, 『지리학논총』, 제45호, pp.211-226.

_____, 2011, '동해' 표기, 논리적으로 추진해야, 2011. 8. 11., 《문화일보》 포럼.

_____, 2012, 「동해 표기의 최근 논의 동향과 지리학적 지명연구의 과제」, 『대한지리학회지』, 제47권 제6호, pp.870-883.

_____, 2018, 『인간 장소 지명』, 파주: 한울엠플러스.

_____, 2020, 지도도 디지털 시대… '동해 명칭 알리기' 멈추지 말아야, 2020. 11. 24.,

《중앙일보》 시론.

_____, 2021a, 동해 명칭 확산의 플랫폼, 유엔, 2021. 6. 14.,《경향신문》 기고.

_____, 2021b, 분쟁지명 '동해'와 디지털 시대, 동해연구회 편,『동해 명칭의 국제적 확산: 현황과 과제』, 서울: 경희대학교 출판문화원, pp.68-93.

한상복, 1992,「해양학적 측면에서 본 동해의 고유명칭」,『地理學(대한지리학회지)』제 27권 제3호, pp.272-277.

古厩忠夫, 1999,「日本海」, 三つの過去と呼稱問題(일본해, 그 세 개의 과거와 명칭 문제), 제5회 바다 이름에 관한 국제세미나 발표논문.

谷治正孝, 2002, 世界と日本における海域名「日本海」の生成・受容・定着過程,『地図』, 第40卷 第1號, pp.1-12.

菱山剛秀・長岡正利, 1994,「日本海」呼の遷について,『地管理部技術報告』(土地理院技術資料 E・3－No.1), 創刊, pp.16-25.

櫛谷圭司, 1999, 地図にみる「日本海」の歴史と神たな呼稱の可能性(지도에 나타나는 일본해의 역사와 그 대안적 관점), 제5회 바다 이름에 관한 국제세미나 발표논문.

田邊裕, 2020,『地名の政治地理学: 地名は誰のものか』, 東京: 古今書院.

帝京大学地名研究会(田邊裕, 谷治正孝, 滝沢由美子, 渡辺浩平), 2010,『地名の発生と機能: 日本海地名の研究』.

AKO, 2012, *Empfehlungen zur Schreibung geographischer Namen in österreichischen Bildungsmelden*, Österreichischen Akademie der Wissenschaften.

Cecil, A., 2020, "Educating geographical naming in the digital era", In: The Society for East Sea (ed.), *Geographical Naming in the Digital Era*, Proceedings of the 26th International Seminar on Sea Names, Gangneung, Korea, 17-19 September 2020, pp.85-91.

Chang, D.-h., 2020, "Discussion", In: The Society for East Sea (ed.), *Geographical Naming in the Digital Era*, Proceedings of the 26th International Seminar on Sea Names, Gangneung, Korea, 17-19 September 2020, pp.47-50.

Chi, S.-H., 2017, "Lingering issues on sea names: Why are we drifting about?", In: The Society for East Sea (ed.), *Achieving Peace and Justice Through Geographical Naming*, Proceedings of the 23rd International Seminar on Sea Names, Berlin, Germany, 22-25 October 2017, pp.221-228.

Choi, J., 2011, "Recent trend in naming East Sea in atlases and geography textbooks, Paper presented at the 17th International Seminar on Sea Names", Vancouver, Canada, 17-21 August 2011.

Choi, Y.H., 2005, "East Sea/Sea of Japan: From justice-as-fairness perspective", Paper presented at the 11th International Seminar on Sea Names, Washington D.C., U.S.A., 6-8 October 2005.

_____, 2014, "Korean-American voice: Virginia legislation for the dual name of the sea between Japan and Korea - Sea of Japan and East Sea", In: The Society for East Sea (ed.), *See, Sea Names and Peace in East Asia*, Proceedings of the 22nd International Seminar on Sea Names, Gyeongju, Korea, 26-29 October 2014, pp.37-53.

_____, 2019, "Looking back: The 2014 Virginia legislation and the challenges to the Korean-American community", In: The Society for East Sea (ed.), *Educating for Diversity through Geographical Names*, Proceedings of the 25th International Seminar on Sea Names, Virginia, U.S.A., 28-31 July 2019, pp.87-108.

Choi, Y., 2020, "Discussion", In: The Society for East Sea (ed.), *Geographical Naming in the Digital Era*, Proceedings of the 26th International Seminar on Sea Names, Gangneung, Korea, 17-19 September 2020, pp.41-46.

Choo, S., 2007, "Recent progress for restoring the name East Sea and future research agenda", *Journal of the Korean Cartographic Association*, 7(1), pp.1-9.

_____, 2009, "Endonym, geographical feature and perception: The case of the name East Sea/Sea of Japan", *Journal of the Korean Geographical Society*, 44(5), pp.661-674.

_____, 2010, "Donghae and Nihonkai: Impossible to coexist?", *The Korea Herald*, 2010. 7. 19.

_____, 2014, "Bringing human into the game: A way forward for the East Sea/Sea of Japan naming issue", *Journal of the Korean Cartographic Association*, 14(3), pp.1-13.

_____, 2016, "The naming issue: Towards the future", In: The Society for East Sea (ed.), *Sees and Islands: Connecting People, Culture, History and Future*, Proceedings of the 22nd International Seminar on Sea Names, Jeju, Korea, 23-26 October 2016, pp.225-227.

_____, 2017, "Sea naming issues: What have we discussed and achieved so far, and what shall we do further?", In: The Society for East Sea (ed.), *Achieving Peace and Justice Through Geographical Naming*, Proceedings of the 23rd International Seminar on Sea Names, Berlin, Germany, 22-25 October 2017, pp.251-253.

_____, 2018, "The essence and practicality of dual naming: Considerations toward the East Sea/Sea of Japan dual naming", *Journal of the Korean Cartographic Association*, 18(3), pp.33-43.

_____, 2020, "A new normal for the name East Sea in the digital era", In: The Society for East Sea (ed.), Geographical Naming in the *Digital Era*, Proceedings of the 26th International Seminar on Sea Names, Gangneung, Korea, 17-19 September 2020, pp.5-14.

Choo, S., Chi, S.-H. and Kim, H., 2014, "Place-name conflict: A typology for intra-national cases", Paper presented at the Commission of Toponymy, International Geographical Union, Krakow, Poland, 20 August 2014.

Forrest, D., 2008, "Names for areas of international extent on British maps", Paper presented at the 14th International Seminar on Sea Names, Tunis, 7-9 August 2008.

Hausner, I., 2017, "Toponyms and cultural heritage: A peaceful partnership of forced alliance?", In: The Society for East Sea (ed.), *Achieving Peace and Justice Through Geographical Naming*, Proceedings of the 23rd International Seminar on Sea Names, Berlin, Germany, 22-25 October 2017, pp.53-59.

Jordan, P., Bergmann, H., Cheetham, C., and Hausner, I. eds., 2009, *Geographical Names as a Part of the Cultural Heritage*, Institute für Geographie und Regionalforschung der Universität Wien, Kartographie und Geoinformation.

Kim, Y.-H., 2020, "Specificities of map-making and geographical naming in the digital era", In: The Society for East Sea (ed.), Geographical Naming in the *Digital Era*, Proceedings of the 26th International Seminar on Sea Names, Gangneung, Korea, 17-19 September 2020, pp.25-40.

Kim, Y.-w., 2020, "Discussion", In: The Society for East Sea (ed.), *Geographical Naming in the Digital Era*, Proceedings of the 26th International Seminar on Sea Names,

Gangneung, Korea, 17-19 September 2020, pp.137-140.

Kimiya, T., 2016, "Discussion", In: The Society for East Sea (ed.), *Sees and Islands: Connecting People, Culture, History and Future*, Proceedings of the 22nd International Seminar on Sea Names, Jeju, Korea, 23-26 October 2016, pp.189-192.

Lauder, M. RMT and, Lauder, A. F., 2018, "Naming the North Natuna Sea: Considerations and stages in sea naming in Indonesia", In: The Society for East Sea (ed.), *Dual Naming: Feasibility and Benefits*, Proceedings of the 24th International Seminar on Sea Names, Gangneung, Korea, 26-29 August 2018, pp.125-140.

Lee, S. T., 2010, "A Study on Chosun Sea in the Japanese maps", Paper presented at the 16th International Seminar on Sea Names, The Hague, 20-21 August 2010.

_____, 2019, "Discussion", In: The Society for East Sea (ed.), *Educating for Diversity through Geographical Names*, Proceedings of the 25th International Seminar on Sea Names, Virginia, U.S.A., 28-31 July 2019, pp.183-191.

Lee, W.-D., 2020, "Discussion", In: The Society for East Sea (ed.), *Geographical Naming in the Digital Era*, Proceedings of the 26th International Seminar on Sea Names, Gangneung, Korea, 17-19 September 2020, pp.141-146.

Lee, Y. C., 2011, East Sea in Korean lives through the ages, Paper presented at the 17th International Seminar on Sea Names, Brussels, Belgium, 17-20 August 2011.

_____, 2013, "Korean myths and legends related with the name of the *East Sea*", In: The Society for East Sea (ed.), *Sea, Sea Names and Mediterranean Peace*, Proceedings of the 19th International Seminar on Sea Names, Istanbul, Turkey, 22-24 August 2013, pp.119-136.

_____, 2014, "The theories of no tide in the East Sea in premodern Korea: from metaphysics to science", In: The Society for East Sea (ed.), *See, Sea Names and Peace in East Asia*, Proceedings of the 22nd International Seminar on Sea Names, Gyeongju, Korea, 26-29 October 2014, pp.93-110.

_____, 2015, "The tradition of sacrificial rituals for the East Sea in Korea", In: The Society for East Sea (ed.), *Sea Names: Heritage, Perception and International Relations*, Proceedings of the 21st International Seminar on Sea Names, Helsinki, Finland, 23-26 August 2017, pp.23-30.

_____, 2017, "Some perspectives on the history of the East Sea", In: The Society for East Sea (ed.) *Achieving Peace and Justice Through Geographical Naming*, Proceedings of the 23rd International Seminar on Sea Names, Berlin, Germany, 22-

25 October 2017, pp.61-73.

Malmirian, H., 1998, "The nomenclature of the Persian Gulf", Paper presented at the 4th International Seminar on Sea Names, Seoul, 27-28 October 1998.

Ministry of Foreign Affairs and Trade, et al., 2003, East Sea: *The Name East Sea Used For Two Millennia*.

Ministry of Foreign Affairs and Trade and the Northeast Asian History Foundation, 2007, *East Sea: The Name East Sea Used For Two Millennia*.

Ministry of Foreign Affairs and the Northeast Asian History Foundation, 2014, *East Sea: The Name from the Past, of the Present and for the Future*.

Ministry of Foreign Affairs of Japan, 2002, *Sea of Japan*.

Ministry of Foreign Affairs of Japan, 2006, *A Historical Overview of the Name "Sea of Japan."*

Ministry of Foreign Affairs of Japan, 2009, *The One and Only Name Familiar to the International Community, Sea of Japan*.

Murphy, A. B., 1999, "The use of national names for international bodies of water: critical perspective", *Journal of the Korean Geographical Society*, 34(5), pp.507-516.

Oh, T.-K., 2017, "Discussion", In: The Society for East Sea (ed.), *Achieving Peace and Justice Through Geographical Naming*, Proceedings of the 23rd International Seminar on Sea Names, Berlin, Germany, 22-25 October 2017, pp.49.

Park, J. H., 2020, "Discussion", In: The Society for East Sea (ed.), *Geographical Naming in the Digital Era*, Proceedings of the 26th International Seminar on Sea Names, Gangneung, Korea, 17-19 September 2020, pp.61-62.

Park, N., 2011, "Sovereignty in naming maritime geographical features", Paper presented at the 17th International Seminar on Sea Names, Vancouver, Canada, 17-20 August 2011.

Stoltman. J. P., 2016, "The East Sea: Peace, education and geographical naming", In: The Society for East Sea (ed.), *Sees and Islands: Connecting People, Culture, History and Future*, Proceedings of the 22nd International Seminar on Sea Names, Jeju, Korea, 23-26 October 2016, pp.5-16.

_____, 2017, "Geographical naming: Reflections on peace, cooperation and social justice", In: The Society for East Sea (ed.), *Achieving Peace and Justice Through Geographical Naming*, Proceedings of the 23rd International Seminar on Sea

Names, Berlin, Germany, 22-25 October 2017, pp.25-34.

_____, 2018, "Dual naming of geographic features: The search for mutual benefits", In: The Society for East Sea (ed.), *Dual Naming: Feasibility and Benefits*, Proceedings of the 24th International Seminar on Sea Names, Gangneung, Korea, 26-29 August 2018, pp.17-27.

_____, 2019, "Sea names: Public policy, textbook publishing, and educational practice", In: The Society for East Sea (ed.), *Educating for Diversity through Geographical Names*, Proceedings of the 25th International Seminar on Sea Names, Virginia, U.S.A., 28-31 July 2019, pp.17-29.

_____, 2020, "Dual named geographical features: A pathway to critical study with digital information", In: The Society for East Sea (ed.), *Geographical Naming in the Digital Era*, Proceedings of the 26th International Seminar on Sea Names, Gangneung, Korea, 17-19 September 2020, pp.17-24.

Toyoura, J., 2020, "Discussion", In: The Society for East Sea (ed.), *Geographical Naming in the Digital Era*, Proceedings of the 26th International Seminar on Sea Names, Gangneung, Korea, 17-19 September 2020, pp.147-148.

Van der Meulen, W.J. 1975, "Ptolemy's geography of mainland Southeast Asia and Borneo", Indonesia(19), pp.1-32.

Yaji, M., 2011, "Naming of the Japan Sea until the end of 19th Century", Paper presented at the 17th International Seminar on Sea Names, Vancouver, Canada, 17-20 August 2011.

Yoon, K.-H., 2020, "Discussion", In: The Society for East Sea (ed.), *Geographical Naming in the Digital Era*, Proceedings of the 26th International Seminar on Sea Names, Gangneung, Korea, 17-19 September 2020, pp.149-151.

Yorgason, E. R., 2018, "Discussion", In: The Society for East Sea (ed.), *Dual Naming: Feasibility and Benefits*, Proceedings of the 24th International Seminar on Sea Names, Gangneung, Korea, 26-29 August 2018, pp.107-109.

Watt, B., 2009, "Cultural aspects of place names with special regard to names in indigenous, minority and regional languages", In Jordan, et al. (eds.), *Geographical Names as a Part of the Cultural Heritage*, Institut für Geographie und Regionalforschung der Universität Wien Kartographie und Geoinformation.

Woodman, P., 2010, "Maritime feature names: The role of UNGEGN during its first decade", Paper presented at the 16th International Seminar on Sea Names, The

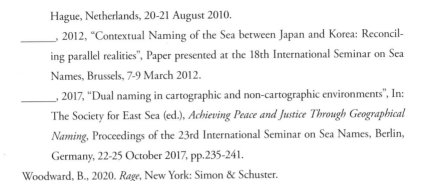

Hague, Netherlands, 20-21 August 2010.

_____, 2012, "Contextual Naming of the Sea between Japan and Korea: Reconciling parallel realities", Paper presented at the 18th International Seminar on Sea Names, Brussels, 7-9 March 2012.

_____, 2017, "Dual naming in cartographic and non-cartographic environments", In: The Society for East Sea (ed.), *Achieving Peace and Justice Through Geographical Naming*, Proceedings of the 23rd International Seminar on Sea Names, Berlin, Germany, 22-25 October 2017, pp.235-241.

Woodward, B., 2020. *Rage*, New York: Simon & Schuster.

| 약어목록 |

AAG	American Association of Geographers	미국지리학회
AKO	Arbeitsgemeinschaft für Kartographische Ortsnamenkunde	오스트리아지명위원회
APHG	Advancement Placement Human Geography	인문지리 심화과정(미국 고교)
APEC	Asia-Pacific Economic Cooperation	아시아태평양경제협력체
BGN/ USBGN	(United States) Board on Geographic Names	미국지명위원회
CIA	Central Intelligence Agency	중앙정보국(미국)
ECDIS	electronic chart display and information system	전자해도표시시스템
ENC	electronic navigational chart	전자해도
EEZ	exclusive economic zone	배타적 경제 수역
FYROM	The former Yugoslav Republic of Macedonia	구유고슬라비아마케도니아공화국
GCC	Gulf Cooperation Council	걸프협력회의
GEBCO	General Bathymetric Chart of the Oceans	해양수심도위원회
GIS	geographic information system	지리정보체계
ICA	International Cartographic Association	국제지도학회
IGU	International Geographical Union	세계지리학연합
IHO	International Hydrographic Organization	국제수로기구
ISO	International Organization for Standardization	국제표준화기구
NATO	North Atlantic Treaty Organization	북대서양조약기구
NCGE	National Council for Geographic Education	전국지리교육위원회(미국)
PCGN	Permanent Committee on Geographical Names	영국지명위원회

RGS	Royal Geographical Society	영국왕립지리학회
SAIS	School of Advanced International Studies	국제관계대학원(미국 존스홉킨스대학)
SDG	Sustainable Development Goal(s)	지속가능발전목표
UNCLOS	United Nations Convention on the Law of the Sea	유엔해양법협약
UNCSGN	United Nations Conference on the Standardization of Geographical Names	유엔지명표준화 총회
UNGEGN	United Nations Group of Experts on Geographical Names	유엔지명전문가그룹
USGS	United States Geological Survey	미국 지질자원국
VANK	Voluntary Agency Network of Korea	반크
VGI	volunteered geographic information	자발적 지리정보

| 찾아보기 |

지은이

주성재 周成載, CHOO Sungjae

경희대학교 지리학과 교수. 서울대학교를 졸업하고 미국 버펄로 뉴욕주립대학교에서 지리학 박사 학위를 받았다. 학위 후에는 국토연구원에서 국토계획, 도시계획, 지역경제 분야의 연구에 참여했고, 2000년부터 경희대학교에서 경제지리학, 지역개발론, Korea in the World, 인간·장소·지명 등을 강의했다.

2004년 동해(East Sea) 표기를 다루는 국제세미나에 참여한 것을 계기로 동해 명칭 연구, 동해 명칭 확산을 위한 정부 활동 자문, 국제회의 참석 등의 활동을 전개했다. 2005년부터 외교부 산하 사단법인 동해연구회에서 활동했고(2015년 이래 회장), 국토교통부의 국가지명위원회 위원장, 유엔지명전문가그룹(UNGEGN) 부의장과 평가실행 워킹그룹 의장을 맡고 있다. 대통령 직속 지역발전위원회 위원, 사단법인 한국경제지리학회 회장을 역임한 바 있다. 저서로 『인간 장소 지명』(2018), 『동해 명칭의 국제적 확산: 현황과 과제』(2021, 공저)가 있다.